Eine kleine Geschichte des Elektrons
Christian Holzapfel

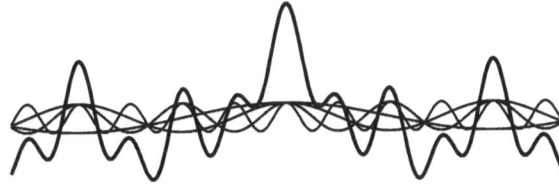

(Ein Spaziergang durch die Landschaft der Physik)

© 2005 Christian Holzapfel
Herstellung und Verlag: Books on Demand GmbH, Norderstedt
ISBN 3-8334-3359-0
Bibliografische Information Der Deutschen Bibliothek:
Die Deutsche Bibliothek verzeichnet diese Publikation in der
Deutschen Nationalbibliografie; detaillierte bibliografische Daten
Sind im Internet über < http://dnb.ddb.de > abrufbar.

für Inge

Inhaltsverzeichnis

Einleitung.

1. Tag, Streuversuche..S. 9

2. Tag, über Relativität...S. 25

3. Tag, klassische Elektrodynamik..S. 39

4. Tag, Antimaterie...S. 67

5. Tag, Polarisation und EPR..S. 97

6. Tag, die Identität der Elektronen...S. 117

7. Tag, polarisierte Photonen..S. 121

8. Tag, über Naturgesetze...S. 133

Literatur..S. 153

Einleitung.

Die Physik ist eine bizarre Landschaft mit vielen verschlungenen Pfaden. In diese wollen wir einen kleinen Ausflug unternehmen. Wir werden auf sehr unterschiedlichen Wegen wandern, manche werden breit sein und leicht zu bewältigen. Andere Wege enden blind; die wollen wir umgehen. Manche Wege aber sind steinige und steile Pfade, die nur mühsam zu erklimmen sind. Wenn man sich jedoch die Mühe macht, nach oben zu klettern, wird man reich belohnt. Die Aussicht der Erkenntnis ist überwältigend schön.

Das Land ist grenzenlos und noch lange nicht völlig erforscht; wir wissen auch nicht, wieviel wir davon kennen und welche unbekannten Horizonte noch vor uns liegen.

So wollen wir uns auf den Weg machen und versuchen, einiges in diesem Land kennenzulernen.

1. Tag, Streuversuche.

Als das Elektron entdeckt wurde, war es eine Kugel, eine kleine Kugel mit einer elektrischen Ladung e und einem Radius r_e. Das Elektron bekam auch eine Masse m_e, die aus der Ablenkung im Magnetfeld bestimmt wurde. Warum das Elektron als solche Kugel existieren konnte, wußte man nicht. Die elektrostatischen Kräfte müßten es sofort in unendlich kleine Stücke auseinander sprengen. Was hielt denn die Ladung zusammen?

Dann entdeckte man, daß das Elektron um seine eigene Achse rotiert; es bekam einen Spin. Durch die Rotation des Elektrons wird ein magnetisches Feld erzeugt. Das Elektron hat also nicht nur eine Ladung, eine Masse, sondern auch ein magnetisches Moment.

Das konnte man einigermaßen verstehen, denn eine rotierende geladene Kugel erzeugt ein magnetisches Feld in seiner Umgebung. Nur, das magnetische Feld des Elektrons hat eine Eigenart, es ist doppelt so groß wie man es von einer rotierenden Ladung erwarten würde, so, als würde die Ladung des Elektrons doppelt so schnell rotieren wie seine Masse, d.h. im rotierenden Elektron fließt ein zusätzlicher Kreisstrom durch die schneller rotierende Ladung.

Aus dem mechanischen Eigendrehimpuls des Elektrons, dem Spin, und aus der Masse des Elektrons konnte man den Radius dieser kleinen Kugel abschätzen. Daraus ergab sich eine Umdrehungszahl von ungefähr 2×10^{25} Umdrehungen pro Sekunde. Daraus wiederum konnte man die Geschwindigkeit eines Punktes auf der Oberfläche des Elektrons berechnen zu ungefähr 2×10^{12} cm/sek.

Damit ergaben sich ernsthafte Schwierigkeiten mit der Relativitätstheorie, die nur eine maximale Geschwindigkeit von der des Lichtes $c = 3 \times 10^{10}$ cm/sek. erlaubte. Das Elektron rotiert also fast hundert mal schneller als erlaubt.

Wenn man den Bewegungszustand einer Ladung ändert, verzögert oder beschleunigt, dann entsteht dabei elektromagnetische Strahlung, bzw. es wird dabei Strahlung absorbiert. Die Emission oder Absorption elektromagnetischer Strahlung, z.B. Licht, erscheint also als Kraft, die auf die Ladung wirkt, die sogenannte Strahlungsdämpfungskraft.

Aber das ist nur ein Teil der auf die Ladung wirkenden Gesamtkraft. Zusätzlich zur Strahlungsdämpfungskraft wirkt auf die Ladung eine Kraft, die aus der Rückwirkung des eigenen elektrischen Feldes auf die Ladung herrührt. Diese Kraft hat den Charakter einer Trägheitskraft mit einer dazugehörigen elektromagnetischen Masse μ, die proportional zur elektrostatischen Feldenergie der Ladung ist. Die Gesamtmasse, die bei der Einwirkung einer Kraft, z.B. eines Magnetfeldes, maßgebend für die Bewegungsänderung ist, setzt sich also zusammen aus zwei Teilen, aus einer "feldfreien" Masse und aus der elektromagnetischen Masse. Über die feldfreie Masse - das ist die Masse, die das Elektron ohne elektrische Ladung hätte - können wir nichts sagen, wir können nur die Summe der beiden Terme bestimmen.

Man entdeckte, daß das Elektron, gebunden im Atom, für die Emission und Absorption von Licht verantwortlich ist. Die Vorstellung, die von Niels Bohr entwickelt wurde, daß das Elektron wie ein kleiner Planet um die Atomkerne rotiert, erklärte zunächst in einfacher Form dieses Phänomen. Je nachdem, ob das Elektron von einer energiereicheren höheren Bahn in eine dem Kern näher gelegene tiefere und damit energieärmere Bahn sprang oder umgekehrt, emittierte es die Energiedifferenz in Form von Licht, oder es absorbierte die Energiedifferenz aus einem einfallenden Strahlungsfeld.

Warum aber das Elektron auf seiner tiefsten Bahn um das Atom blieb und nicht unter Emission von Licht in den Atomkern hineinstürzte, wußte man nicht. Zwar konnte man, ähnlich wie bei den Planeten, ausrechnen, mit welcher Geschwindigkeit sich das Elektron auf seiner Kreisbahn bewegen muß, um nicht in den Kern hineinzustürzen, aber das um den Kern rotierende Elektron müßte als nicht gleichmäßig bewegte Ladung ständig Energie in Form von Licht abstrahlen und dabei schließlich in den Kern hineinstürzen.

Man mußte deshalb postulieren, daß es stabile Bahnen des Elektrons um den Kern gibt, d.h. Bahnen, auf denen keine Energie abgestrahlt wird, eine künstliche Vorstellung über das Atom, die uns von der Natur aufgezwungen wurde (Abb.1.1).

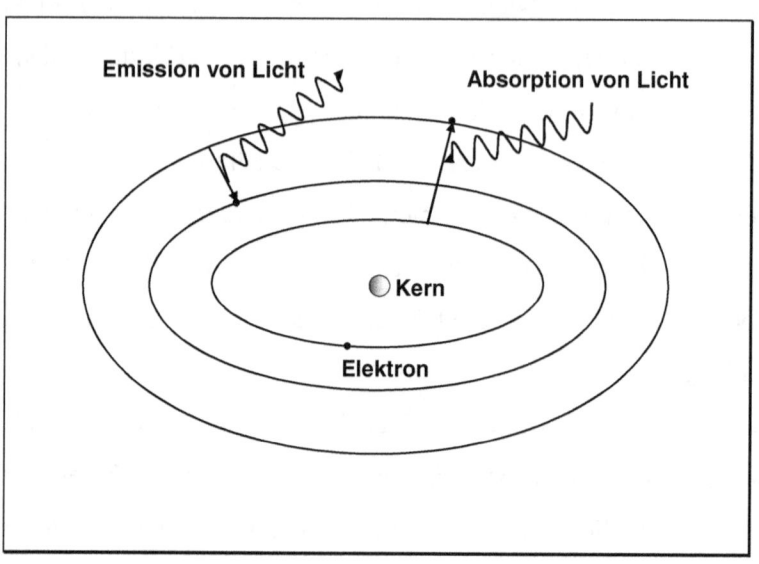

Abb. 1.1. Das Bohrsche Atommodell.
Die Elektronen kreisen um den Atomkern wie die Planeten um die Sonne.
Wenn ein Elektron aus einer höheren Bahn in eine niedrigere Bahn „fällt", wird Licht emittiert.
Wenn das Atom Licht absorbiert, wird ein Elektron in eine höhere Bahn „gehoben".

Diese Forderung an unsere Vorstellung, die auch Niels Bohr formulierte, war der erste Schritt zu einer völlig neuen Theorie, der Quantentheorie, die Anfang des Jahrhunderts entwickelt wurde; ein Gedankengebäude, das sich in der Berechnung des Verhaltens der Atome als außerordentlich fruchtbar erwies, leider aber ohne daß wir verstehen, warum. Die Vorstellung hat uns im Stich gelassen zugunsten einer Rechenmethode, mit der wir vorhersagen können, wie sich die Natur verhält, ohne daß wir verstehen, warum sie sich so verhält.

Die Quantentheorie wurde dargestellt in der berühmt gewordenen Schrödinger-Gleichung, einer Gleichung mit der man das ganze physikalische und chemische Verhalten unserer täglichen und auch atomar mikroskopischen Umgebung beschreiben konnte.

Die Schrödinger-Gleichung beschreibt das Verhalten des Elektrons im elektrischen Feld des positiv geladenen Atomkerns. Damit konnte man - im Prinzip jedenfalls, wenn auch die Berechnung sich meistens außerordentlich schwierig gestaltete - das chemische Verhalten der Atome beschreiben; das periodische System der Elemente hatte ein physikalisches Fundament bekommen.

Nur die Vorstellung, das Begreifen dieser Beschreibung ging verloren. Das Elektron erschien in der Beschreibung nicht mehr als Teilchen sondern als Welle, und noch dazu als eine sehr sonderbare Welle.

Von der Elektrodynamik waren wir schon gewohnt, mit Wellen umzugehen. Aber diese Wellen waren keine Wellen, die man direkt messen konnte, so wie die elektrischen und magnetischen Felder der elektromagnetischen Welle. Sie waren Wahrscheinlichkeitswellen.

Das Verhalten des Elektrons wurde durch eine komplexe Funktion beschrieben, aus der eine reelle Zahl entstand, die die Wahrscheinlichkeit für das jeweilige Verhalten des Elektrons angab. Das räumliche Wahrscheinlichkeitsfeld gab die Wahrscheinlichkeit an, im jeweiligen Ort das Elektron vorzufinden. Das war eine rein mathematische Beschreibung; dennoch zeigten diese Wahrscheinlichkeitswellen physikalische Eigenschaften.

Streuversuche mit Elektronen an kleinen Spaltöffnungen zeigen Interferenzen. Nur Wellen können Interferenzen zeigen. Teilchen können keine Interferenzen zeigen, zumindest nicht die Teilchen, die man in der klassischen Physik unter Teilchen versteht, wie Kanonenkugeln, Schneebälle oder was man sonst noch alles werfen kann.

Aber Elektronen zeigen eindeutig Interferenzen, also sind Elektronen Wellen. Sie werden nicht nur durch eine Wellenfunktion beschrieben, sie sind selbst Wellen.

Bei geringfügiger Änderung der Anordnung der Streuversuche zeigen aber die Elektronen, daß sie als Teilchen auftreten. Sie sind eindeutig Teilchen. Werden sie durch eine einzelne Öffnung geschickt, dann treten sie auf einem dahinterliegenden Schirm als Teilchen auf und machen sich an einer einzigen Stelle durch einen kleinen Blitz auf dem dafür eigens präparierten Schirm bemerkbar.

Schickt man die Elektronen durch zwei dicht nebeneinanderliegende Öffnungen, dann zeigen sich Interferenzmuster auf dem Schirm, so, wie wenn man Wellen durch die beiden Öffnungen schicken würde. Der Teil, der durch die eine Öffnung geht, interferiert hinter der Öffnung mit dem Teil, der durch die zweite Öffnung geht (Abb.1.2). Man kann solche Interferenzerscheinungen an ganz normalen Wasserwellen beobachten. Wirft man zwei Steine gleichzeitig in einen ruhigen See, so sieht man, wie sich die Wellen von jeder einzelnen Eintauchstelle ausbreiten. Wenn die beiden Wellen aufeinandertreffen, dann addieren sich die Berge und Täler der einzelnen Wellenfronten. Wo zwei Wellenberge aufeinandertreffen, entsteht ein doppelt so hoher Wellenberg. Wo ein Berg der einen Wellenfront auf ein Tal der anderen Wellenfront trifft, gleichen die beiden sich aus, die Wasseroberfläche bleibt hier flach. Zwei Täler zusammen ergeben ein tiefes Tal. Das ganze bewegt sich mit der Bewegung der beiden Wellenfronten. So entsteht auf der Wasseroberfläche ein hübsches Interferenzmuster. Und das ist ganz typisch für eine Wellenbewegung. Genau solche Muster zeigen Elektronen, die durch zwei Öffnungen treten. Nur müssen die Öffnungen sehr eng zusammenliegen, weil die Wellenlänge der Elektronen sehr kurz ist.

Mit der gleichen Anordnung hatte Huygens schon früher nachgewiesen, daß das Licht eine Welle ist, eben eine elektromagnetische Welle. Auch für das sichtbare Licht müssen die Öffnungen sehr eng zusammenliegen, will man Interferenzerscheinungen sehen.

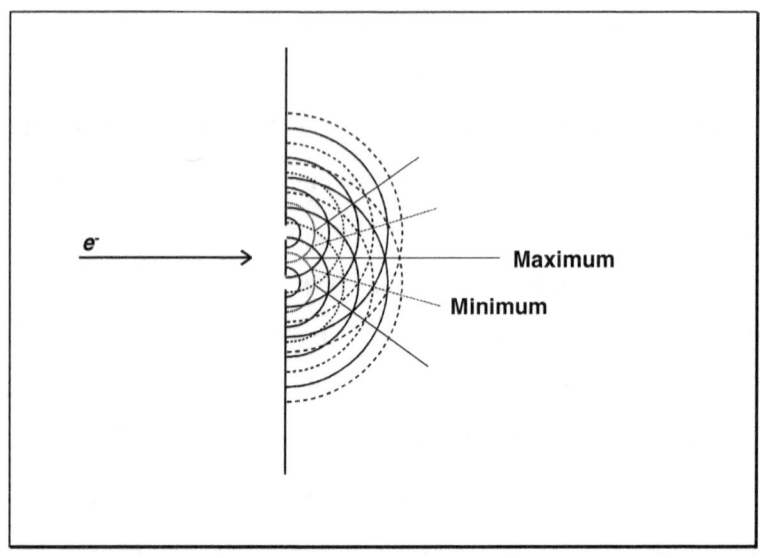

Abb. 1.2. Streuversuch.
Bei der Streuung von Elektronen am Doppelspalt entstehen Interferenzen wie bei Lichtwellen. Wo Wellenberge (durchgezogene Kreise) der beiden Felder aufeinandertreffen, entstehen Maxima (durchgezogene Linien); wo Wellenberge des einen Feldes mit Wellentälern (gestrichelte Kreise) des anderen Feldes aufeinandertreffen, entstehen Minima (gestrichelte Linien).
(Wo Wellentäler der beiden Felder aufeinandertreffen, entstehen ebenfalls Maxima, weil die Intensität des Wellenfeldes gleich der Amplitude der Wellen ist.)

Das Interferenzmuster, das die Elektronen zeigen, sind die leuchtenden Streifen auf dem Schirm, die aus den vielen einzelnen Blitzen entstehen, die durch jedes einzelne Elektron ausgelöst werden. Die Summe all dieser Blitze bildet das Interferenzmuster. Aber jeder einzelne Blitz zeigt, daß die Elektronen als Teilchen auf den Schirm auftreffen.

Das Elektron ist also eindeutig sowohl Teilchen als auch Welle, ein Teilchen, das einen lokalisierbaren Ort und eine bestimmte Geschwindigkeit hat, und eine Welle, die den ganzen Raum ausfüllt - verrückt aber wahr.

Wenn man ein Wellensystem erzeugt, das aus verschiedenen Wellenlängen besteht, dann überlagern sich all diese Wellen. An manchen Orten verstärken sie sich, wenn gerade viele Wellenberge zusammentreffen. An anderen Orten löschen sie sich gegenseitig aus, wenn Wellenberge und Wellentäler aufeinandertreffen. Das Phänomen ist den Radiohörern bekannt als sogenannte Schwebung. Wenn man versucht, einen Sender zu empfangen, der frequenzmäßig in der Nähe eines anderen Senders liegt, kann man den gewünschten Sender einige Zeit gut empfangen, dann verschwindet er wieder - gerade dann, wenn der Sprecher etwas Interessantes sagt; nach einigen Sekunden kommt er wieder. Man hört eine Schwebung mit einer Frequenz, die sehr viel niedriger ist als die Frequenz der beiden Sender, die sich gegenseitig stören (die Schwebungsfrequenz ist gerade die Differenz der beiden Senderfrequenzen).

Auf diese Weise entstehen sogenannte Wellenpakete. Als ein solches Wellenpaket kann man das Elektron deuten, wobei wir nicht vergessen dürfen, diese Wellen sind immer noch Wahrscheinlichkeitswellen, d.h. das Wellenpaket ist eine erhöhte Wahrscheinlichkeit, das Elektron in diesem Paket vorzufinden, d.h. dort im Raum, wo die berechnete Wahrscheinlichkeit groß ist (Abb.1.3).

Man sollte vielleicht vorsichtiger sagen, das Elektron ist nicht eine Welle, es verhält sich nur so - gleichzeitig ist es nicht ein Teilchen, es verhält sich nur so, und zwar je nachdem, wie wir das Experiment auslegen.

Ein solches Wellenpaket hat nun eine besondere Eigenschaft. Die einzelnen Wellen haben unterschiedliche Wellenlängen und damit auch unterschiedliche Geschwindigkeiten. Das Wellenpaket setzt sich zusammen aus Wellen unterschiedlicher Geschwindigkeiten, d.h. die Geschwindigkeit des Wellenpaketes, die sogenannte Gruppengeschwindigkeit, ist nicht genau bestimmt.

Gleichzeitig hat das Wellenpaket eine gewisse Ausdehnung, d.h. auch der Ort x des Wellenpakets ist nicht genau bestimmt. Je genauer man den Ort des Wellenpakets bestimmen möchte, d.h. je schmaler das Wellenpaket ist, desto mehr Wellen unterschiedlicher Geschwindigkeiten braucht man für die Bildung des Wellenpakets, d.h. desto ungenauer wird die Geschwindigkeit.

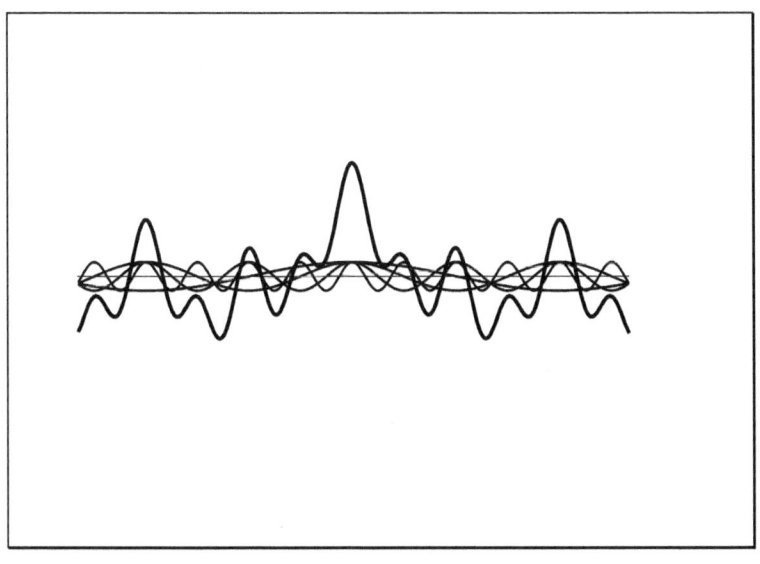

Abb.1.3. Wellenpaket.
Bei der Überlagerung von Wellen mit verschiedenen Wellenlängen entstehen Wellenpakete.

Statt der Geschwindigkeit können wir auch den Impuls p des Wellenpakets nehmen, das ist einfach die Geschwindigkeit multipliziert mit der Masse des Elektrons.

Es zeigt sich, daß das Produkt aus der Unschärfe des Ortes Δx und der Unschärfe des Impulses Δp nicht kleiner werden kann als eine bestimmte Größe h

$$\Delta x\, \Delta p \geq h$$

Wenn der Ort genau bestimmt ist, d.h. $\Delta x = 0$, dann ist Δp unendlich groß, d.h. die Geschwindigkeit ist völlig unbestimmt, das scharfe Wellenpaket besteht aus Wellen mit allen möglichen Geschwindigkeiten zwischen 0 und unendlich.

Wenn aber die Geschwindigkeit genau bestimmt ist, d.h. $\Delta p = 0$, dann haben wir für das Wellenpaket nur eine einzige Welle mit dieser bestimmten Geschwindigkeit zur Verfügung. Diese Welle füllt den ganzen Raum aus, ohne ein Wellenpaket zu bilden, d.h. der Ort ist völlig unbestimmt, Δx ist unendlich groß.

Das ist die berühmte Unschärferelation von Heisenberg. Die Größe h ist das Planck'sche Wirkungsquantum. Dies alles gilt für unser Wellenpaket. Das Elektron, das durch das Wellenpaket beschrieben wird, verhält sich genauso - nur warum, das wissen wir nicht.

Nochmals zusammengefaßt: Die Schrödinger-Gleichung beschreibt das Verhalten des Elektrons durch die Wahrscheinlichkeitswelle. Die Unschärferelation wurde für die Wahrscheinlichkeitswelle formuliert und beschreibt ebenso das Verhalten des Elektrons.

Wenn wir versuchen, das Elektron in einen kleinen Raum einzusperren, z.B. als gebundenes Elektron in einem Atom, dann wird die Geschwindigkeit entsprechend unbestimmt, d.h. es hat gar keinen Sinn, im klassischen Sinn von einer "Bahn" des Elektrons um den Kern zu sprechen, auf der es sich mit einer bestimmten Geschwindigkeit bewegen würde. Vielmehr scheint das Elektron irgendwie "verschmiert" zu sein und sich in der Nähe des Atomkerns aufzuhalten (Abb.1.4).

Die Größe h ist allerdings so klein, daß die Unschärferelation im täglichen Leben nicht auffällt. Wir wissen immer, wo unsere Sachen liegen - und wenn der Ort eines unserer Gegenstände unbestimmt ist, liegt es nicht an der Unschärferelation.

Die Unschärferelation verhindert auch, daß das Elektron in den Kern hineinstürzt, denn auf den kleinen Raum des Atomkerns lokalisiert hätte das Elektron eine so hohe Geschwindigkeit, daß es wieder hinausgeschleudert würde. Je näher das Elektron an den Kern rückt, desto größer wird die kinetische Energie des Elektrons auf Grund der Unschärferelation, und desto kleiner wird gleichzeitig die potentielle Energie des Elektrons im elektrischen Feld des positiven Kerns. Das System Elektron + Kern stellt sich so ein, daß die Gesamtenergie des Elektrons, die Summe dieser beiden Energieformen, kinetische Energie und potentielle Energie, am kleinsten wird.

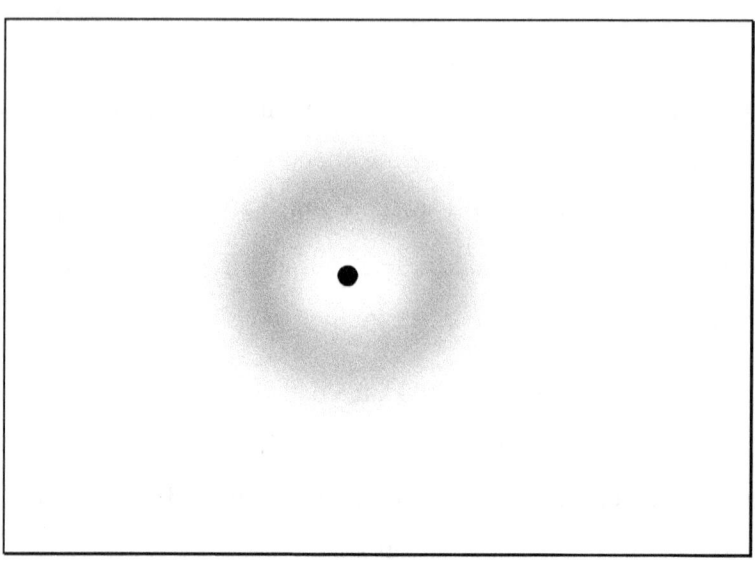

Abb.1.4. Verschmiertes Elektron.
Das Elektron ist kein Teilchen in einem Punkt auf einer wohldefinierten Bahn, sondern verschmiert über den ganzen Bereich um den Kern.

Es ist im übrigen ein ganz allgemeines Prinzip, daß ein physikalisches System dem Zustand zustrebt, in dem es die geringste Energie hat; deshalb fallen Kartenhäuser zusammen, Bleistifte fallen zu Boden, und Elektronen fallen nach der klassischen Vorstellung in den Kern hinein - bzw. unter Berücksichtigung der Unschärferelation in die Bahn, wo die Gesamtenergie am geringsten ist. Das ist die stabilste Lage des Systems Kern + Elektron, also des Atoms.

Der Raum, den das Elektron einnimmt, d.h. die Größe des Atoms, stellt sich gerade so ein, daß die Gesamtenergie ein Minimum wird, d.h. die Größe des Atoms ist eine direkte Folge der Unschärferelation. In der klassischen Elektrodynamik war die Gesamtenergie, die dem Minimum zustrebt, nur durch die potentielle Energie des Elektrons gegeben. Daher stürzte das klassische Elektron in den Atomkern hinein. Durch die Unschärferelation bzw. durch die Beschreibung mit der Schrödinger-Gleichung kommt die kinetische Energie des Elektrons hinzu, die den Kollaps des Atoms verhindert.

2. Tag, über Relativität.

Im Jahre 1924 postulierte de Broglie, daß jeder materielle Körper aus Wellen besteht, sogenannten Materiewellen - also nicht nur Elektronen, sondern alle Körper, Protonen, Neutronen, Atome und auch Schneebälle, ja auch die Himmelskörper, Erde und Mond. Alle bestehen sie aus Wellen. Er verknüpfte durch einfache Gleichungen die Energie des Körpers mit der Frequenz dieser Wellen und den Impuls des Körpers mit der Wellenlänge. Dieser Gedanke de Broglies wurde zunächst von der Sourbonne in Paris als Schwachsinn abgewiesen. Einige Jahre später gelang es, Beugungseffekte an schnell bewegten Elektronen experimentell nachzuweisen, ja etwas später sogar an ganzen Atomen wie Helium und an Molekülen wie Wasserstoff. Solche Beugungseffekte sind auch Interferenzerscheinungen, die an Kanten oder bei kleinen Öffnungen auftreten, also Effekte, die typischerweise bei Wellen auftreten. Damit war experimentell gezeigt, daß Materie generell, also nicht nur Elektronen, sich so verhält wie Wellen sich verhalten. Damit konnte man nun auch hübsch zeigen, warum bestimmte Bahnen der Elektronen um den Atomkern stabil, also strahlungsfrei, sind; das sind nämlich gerade die Bahnen, bei denen ein ganzzahliges Vielfaches der Wellenlänge in den Bahnumfang paßt (Abb.2.1).

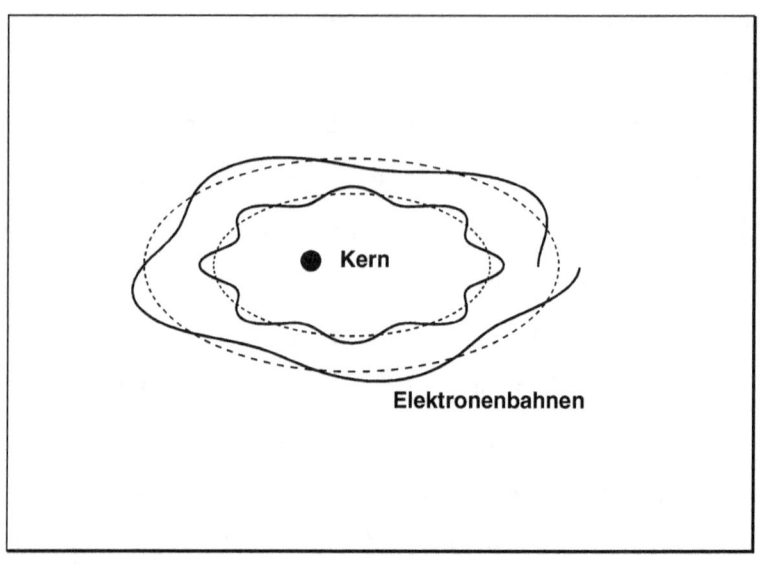

Abb.2.1. Stabile Elektronenbahn.
Die innere Bahn ist stabil; hier passt gerade ein ganzzahliges Vielfaches der Wellenlänge in den Bahnumfang, nämlich 8 Wellen.
Die äußere Bahn dagegen ist nicht stabil; hier passen die Wellen nicht hinein.

Es sieht nun so aus, als hätte man mit der Schrödinger-Gleichung über die Unschärferelation die ersten Vorstellungen Niels Bohrs von den stabilen Elektronenbahnen "bewiesen". Das ist nun nicht ganz so, eher hat man die Vorstellung eleganter formuliert. Man hat einen in sich schlüssigen Formalismus entwickelt, dem die Bohrschen Vorstellungen zu Grunde liegen, so daß diese sich zwanglos daraus ergeben müssen - sonst wäre der Formalismus nicht konsistent. Die Frage, warum das so ist, bleibt immer noch offen. Die Bilder paßten irgendwie gut zusammen, nur warum das so paßte, warum z.b. solche Bahnen strahlungsfrei sein sollten, blieb unbeantwortet. Und woraus diese Materiewellen bestehen, was da schwingt, blieb völlig unklar - wieder war unsere Vorstellungskraft überfordert.

Je größer die Körper sind, desto mehr treten diese Welleneigenschaften in den Hintergrund. Bei makroskopischen Körpern, denen wir im täglichen Leben begegnen, Billardkugeln, Fußbällen oder gar Autos, sind die Welleneigenschaften vollständig verschwunden. Nur bei kleinen Körpern, eben Elektronen oder auch Atomen, treten die Welleneigenschaften auf.

Etwas früher, im Jahre 1900, entwickelte Max Planck die Vorstellung, daß das Licht, das man sich bis dahin als Welle vorstellte, auch aus Teilchen besteht, die Photonen genannt wurden. Mit den gleichen Beziehungen, die de Broglie verwendet hatte, um den Teilchen Wellen zuzuordnen, wurden den elektromagnetischen Wellen nun Teilchen, also Photonen zugeordnet, oder auch Lichtquanten - ein

Quant ist einfach etwas ganz Kleines. Auch Einstein hatte die alte Vorstellung von Newton über das Licht aufgegriffen. Newton hatte sich das Licht als einen Teilchenstrom vorgestellt. Das war, wie vorhin erwähnt, von Huygens widerlegt worden. Die Interferenzen, die man mit Licht erzeugen kann, zeigen eindeutig, daß das Licht eine Welle ist. Aber neuere Experimente, bei denen man mit Licht Elektronen aus Metallen herausschießen konnte, zeigten, daß das Licht auch Teilcheneigenschaften hat. Wir sehen hier zwei parallele gegenläufige Gedankenentwicklungen. Aus den Elektronen sind Wahrscheinlichkeitswellen geworden, und aus den elektromagnetischen Wellen sind Photonen geworden. Freilich sind da Unterschiede vorhanden, aber beides zeigt, daß wir die Phänomene, denen wir begegnen, nicht ausreichend mit einer Vorstellung beschreiben können. Wir brauchen für das Elektron sowohl das Teilchenbild als auch das Wellenbild, und wir brauchen für das Licht sowohl das Wellenbild als auch das Teilchenbild. Die beiden Bilder sind nicht zu einer schlüssigen Gesamtvorstellung vereinbar, aber beide sind notwendig. Diesen Umstand, daß wir zwei nicht vereinbare Vorstellungen brauchen, um die Natur zu beschreiben, formulierte Niels Bohr als das Komplementaritätsprinzip; die beiden Bilder sind komplementär.

Damit hatte man also ein Bild entwickelt, in dem sowohl Materieteilchen, Quanten, als Wellen auftreten konnten, als auch Wellen, elektromagnetische Wellen, als Teilchen, Photonen, auftreten konnten. Man konnte bei beiden Teilchenarten, Elektronen und Photonen zeigen, daß sie als Welle auftreten - eben durch Interferenzerscheinungen, und man konnte bei beiden zeigen, daß sie als Teilchen auftreten. Franck und Hertz zeigten 1913, daß man mit Elektronen Photonen anstoßen konnte, so wie man Billard spielt, und Compton konnte 1922 auch umgekehrt zeigen, wie man mit Photonen Elektronen anstoßen konnte - Elektronen und Photonen benehmen sich beide wie kleine Billardkugeln.

Diese sich widersprechenden Bilder müssen aber beide mit der Wirklichkeit übereinstimmen, vor allem mit der Natur bzw. mit der klassischen Physik, wie wir sie makroskopisch erleben. Die Quantentheorie zeigt auch mehr und mehr rein klassische Züge je größer die Systeme sind, die wir damit beschreiben; die Unschärferelation wird unbedeutend, die Welleneigenschaften, Interferenzerscheinungen verschwinden. Interferenzen bei Tennisbällen hat noch niemand beobachtet. Die Ergebnisse der beiden Vorstellungen, die der klassischen Physik und die der Quantentheorie, werden identisch - obwohl die Vorstellungen selbst grundverschieden sind. Wir kommen später auf ein interessantes Beispiel dafür zurück. Auch dieses Prinzip wurde von Niels Bohr als das sogenannte Korrespondenzprinzip formuliert. Den Quantenvorgängen entsprechen klassische Vorgänge, so daß für größer werdende Quantenzahlen die Resultate der Quantenvorstellung in die klassischen Resultate konvergieren (Abb.2.2).

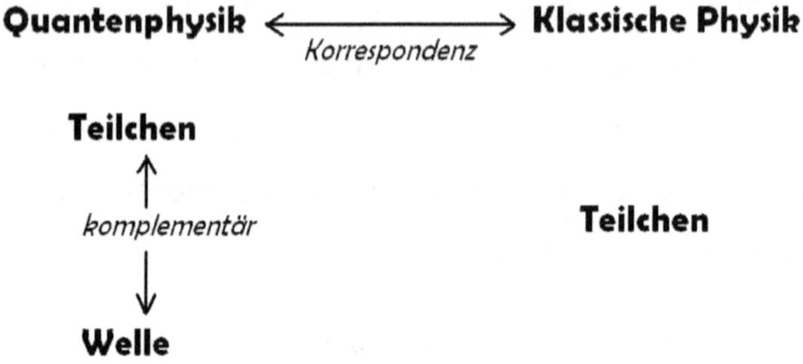

Quantenphysik ←——————→ **Klassische Physik**
                Korrespondenz

Teilchen
   ↑
komplementär   **Teilchen**
   ↓
Welle

Abb.2.2. Die Bohrschen Prinzipien.
1. Die Quantenphysik geht über in die klassische Physik für große Quantenzahlen.
2. Teilchen und Wellen sind komplementär, d.h. sie ergänzen sich zur Vorstellung über die Struktur des Elektrons; beide Bilder sind notwendig, um die Eigenschaften des Elektrons zu beschreiben.

Jetzt ist uns ein neuer Begriff auf unserem Spaziergang begegnet, die Quantenzahl. Das ist lediglich eine Numerierung der möglichen Zustände, die ein System einnehmen kann, z.b. das Atom mit seinen Elektronenbahnen. Die tiefste Bahn, also die energieärmste Bahn, wie wir gelernt haben, bekommt die Nummer 1, die Quantenzahl 1, die nächst höhere die Quantenzahl 2 u.s.w. Wenn das Elektron zwischen diesen beiden Bahnen hin- und herspringt, wird Licht emittiert oder absorbiert, aber nur entsprechend der Energiedifferenz dieser beiden Zustände. Es gibt nichts dazwischen. Die Energie wird in Form von Quanten, also als kleine Pakete emittiert oder absorbiert. Wir können aber diese Energiepakete nicht aus der klassischen Vorstellung berechnen, etwa durch die Bewegung der Elektronen aus der Elektrodynamik. Das gäbe völlig unsinnige Resultate. Das wird eben durch die Quantentheorie beschrieben. Betrachten wir aber sehr viel größere Quantenzahlen, d.h. Elektronen, die sich weit draußen bewegen, dann können wir die Bewegung des Elektrons wie eine kleine Antenne behandeln. Dann ergibt die klassische Elektrodynamik die richtige Berechnung der Emission und Absorption des Lichtes. Die Quantentheorie ergibt natürlich auch die richtigen Resultate. Die Resultate der klassischen Elektrodynamik und der Quantentheorie unterscheiden sich nicht mehr, bzw. die Unterschiede werden immer geringer, je größer die Quantenzahlen sind.

Das Bild scheint nun sehr schön. Für kleine Quantenzahlen und für kleine, mikroskopische Objekte gilt eben die Quantentheorie, und für große Quantenzahlen und für große, makroskopische Objekte können wir die klassische Physik anwenden. Durch das Korrespondenzprinzip wird auch der Bruch zwischen den beiden Theorien vermieden, der Übergang vollzieht sich sanft und gleichmäßig.

Je schöner das Bild wurde, desto mehr Fragen traten jedoch auf. Schaute man sich das Bild genauer an, wurde vieles unverständlich.

Wenn eine elektromagnetische Welle, die sich im Raum ausbreitet, als Photon auf ein einzelnes Elektron stoßen soll, dann muß sich die ganze Energie aus dem Wellenfeld plötzlich auf das Elektron konzentrieren - wie die Natur das schafft, bleibt ein Rätsel. Man spricht gelehrt vom Kollaps des Wellenfeldes, meinte aber nur ???. Die gleiche Frage tritt auf, wenn jedes einzelne Elektron beim Interferenzversuch auf dem Schirm an einem bestimmten Punkt einen Lichtblitz auslöst und die Lichtblitze alle zusammen zeigen, daß es sich um ein Wellenfeld handelt. Auch hier muß die Wahrscheinlichkeitswelle sich in einem Punkt plötzlich konzentrieren. Man spricht hier genauso gelehrt vom Kollaps der Wellenfunktion.

Dann kam noch ein schwerwiegender Schönheitsfehler hinzu. Die Schrödinger-Gleichung ließ sich nicht in Einklang mit der Relativitätstheorie bringen.

Im 19. Jahrhundert wußte man schon, daß das Licht sich in Wellenform ausbreitet, als elektromagnetische Welle, in der elektrische und magnetische Felder schwingen. Nur wußte man nichts über das Medium, in dem sich diese Wellen fortpflanzten, den sogenannten Äther. Man hatte aber schon festgestellt, mit welcher Geschwindigkeit sich diese elektromagnetischen Wellen ausbreiten. Olaf Römer kam schon 1676 mit seinen Messungen an einem der Monde des Jupiters erstaunlich nahe an den heute bekannten Wert von knapp 300 000 km/sek. - das bedeutet sieben Mal um die Erde in einer Sekunde.

Dieses Medium, der Äther, müßte sonderbare Eigenschaften haben. Um das Licht mit einer solch hohen Geschwindigkeit fortpflanzen zu können, müßte der Äther härter als Stahl sein. Auf der anderen Seite müßten sich die Himmelskörper - Planeten, Sonne, ja ganze Galaxien - ungehindert durch den Äther bewegen können.

Ende des 19. Jahrhunderts führten Michelson und Morley ihr Interferenzexperiment aus um festzustellen, mit welcher Geschwindigkeit sich die Erde nun absolut durch den Äther bewegt. Die Erde bewegt sich mit 30 km/sek. auf ihrer Bahn um die Sonne - von Jülich nach Aachen in einer Sekunde. Gleichzeitig bewegt sich die Sonne mit ihrem ganzen Planetensystem durch den Äther u.a. durch die Rotation unseres Milchstraßensystems. Wegen dieser vielen Geschwindigkeitskomponenten war der Wunsch, die absolute Geschwindigkeit der Erde festzustellen, verständlich.

Zumindest müßte man den Unterschied von 30 km/sek. in der Lichtgeschwindigkeit feststellen können, wenn man das Licht einmal in der Bewegungsrichtung der Erde messen würde und dann quer zur Bewegungsrichtung der Erde.

Michelson fand keinen Unterschied. Albert Einstein schloß daraus, daß die Lichtgeschwindigkeit in allen gleichförmig bewegten Systemen gleich ist, daß es nur relative Geschwindigkeiten gibt, daß es sinnlos ist, nach einer "absoluten" Geschwindigkeit zu fragen.

Damit erwiesen sich auch andere Vorstellungen als sinnlos und falsch. Die Vorstellung von einer absolut ablaufenden Zeit wurde sinnlos; jedes System hatte seine eigene Zeit. Auch die räumlichen Ausdehnungen wurden von der Bewegung des Beobachters abhängig. Alles wurde relativ. Der Michelsonversuch ist eines der Beispiele, in dem ein negatives Ereignis, ein "Mißlingen" des Experiments, zu einer umwälzenden Änderung der Vorstellung über die Natur führte.

Anstelle der altgewohnten Galilei-Transformation (Umrechnung von Koordinaten und anderen Größen zwischen zwei Systemen, die sich unterschiedlich bewegen), in der sich z.B. Geschwindigkeiten einfach addieren (wenn ich in einem Eisenbahnzug, der sich mit 80 km/h durch die Landschaft bewegt, mich selbst mit 5 km/h nach vorne zum Speisewagen bewege, dann bewege ich mich relativ zur Landschaft draußen mit 85 km/h), trat die Lorentz-Transformation, in der das Verhältnis der Geschwindigkeit des Beobachters zur Lichtgeschwindigkeit auftritt (mit der Lorentz-Transformation ist meine Geschwindigkeit relativ zur Landschaft etwas geringer als 85 km/h). Der Unterschied zwischen diesen beiden Transformationen ist allerdings so gering, daß man ihn im alltäglichen Leben nicht merkt. Erst wenn man es mit Geschwindigkeiten zu tun hat, die nahe an die Lichtgeschwindigkeit kommen, merkt man diese relativistischen Effekte.

Aber sie sind da. Und bei einer Theorie über die Natur, auch über die Natur des Elektrons, muß man diese Effekte berücksichtigen, zumal die dabei auftretenden Geschwindigkeiten offensichtlich sehr groß sind.

Aus der Lorentz-Transformation folgt sofort, daß bei der Addition von Geschwindigkeiten die Lichtgeschwindigkeit auch noch als maximal mögliche Geschwindigkeit erscheint, d.h. auch wenn ich in einem Zug sitze, der sich mit fast Lichtgeschwindigkeit bewegt, sagen wir 295000 km/sek., und ich meine Taschenlampe in Fahrtrichtung anknipse, d.h. einen Lichtstrahl in Fahrtrichtung mit 300000 km/sek. ausschicke, dann bewegt sich dieses Licht relativ zur Landschaft draußen immer noch mit nur 300000 km/sek. und nicht etwa mit 595000 km/sek.

Das ist das, was man unter Konstanz der Lichtgeschwindigkeit und auch der Lichtgeschwindigkeit als oberer Grenze versteht.

Verschiedene Begriffe, an die wir uns im Laufe von Jahrtausenden gewöhnt hatten, mußten über Bord geworfen werden. Ereignisse, die in dem einen System gleichzeitig sind, sind in einem anderen System nicht gleichzeitig. Uhren gehen unterschiedlich in verschiedenen Systemen. Aber das ist eine andere Geschichte. Vielleicht sollten wir dennoch einen Blick auf die Geschichte mit den Uhren werfen, weil die zeigt, wie sonderbar die Natur mit unserer Auffassung von Logik umgeht. Wenn ich mit einer Taschenuhr am Straßenrand stehe und die Uhr in einem vorbeifahrenden Auto beobachte, dann stelle ich fest, daß die bewegte Uhr, also die im Auto, langsamer geht als meine Uhr. Das kann man ja noch verstehen. Aber die Relativitätstheorie besagt - wie der Name der Theorie ja schon andeutet - daß alles relativ ist. Der Autofahrer behauptet mit Recht, daß sein Auto still steht, und daß die ganze Erde inklusive meiner Uhr sich unter seinen Rädern nach hinten bewegt - und stellt dann fest, daß meine Uhr, die sich ja bewegt, langsamer geht als seine im Auto. Und er hat genauso recht wie ich. Der Widerspruch entsteht dadurch, daß wir uns unbewußt eine universelle Uhr vorstellen, mit der wir unsere Uhren vergleichen können, ob sie langsamer oder schneller gehen. Diese universelle Zeit gibt es einfach nicht. Jedes System hat seine eigene Zeit, und wir können diese nicht "absolut" vergleichen. So ist nun mal die Natur beschaffen, auch wenn wir es als unlogisch empfinden.

Allerdings können wir den Effekt nur beobachten, wenn das Auto sehr schnell fährt, mit fast Lichtgeschwindigkeit, d.h. im Straßenverkehr können wir uns ruhig auf die alte Galilei-Transformation verlassen. Aber in Beschleunigern, wo man Elementarteilchen auf fast Lichtgeschwindigkeit beschleunigen kann, läßt sich dieser Effekt beobachten.

Bevor wir zum Elektron zurückkehren, wollen wir uns noch ein weiteres Ergebnis der Relativitätstheorie anschauen, weil wir diesem im Zusammenhang mit dem Elektron später wieder begegnen werden.
Bis Anfang des 20. Jahrhunderts hatte man Energie und Masse als zwei verschiedene Begriffe betrachtet. Mit der Relativitätstheorie zeigte Einstein aber, daß diese beiden nur Erscheinungsformen eines Begriffes sind. Energie E und Masse m lassen sich ineinander umrechnen mit Hilfe der einfachen Formel

$$E = m\ c^2$$

also zunächst nur eine mit der Lichtgeschwindigkeit c wenig sagende Umrechnung, die aber 1945 in Hiroshima und Nagasaki zur furchtbaren Wirklichkeit wurde.

Die Formel besagt, daß man Masse, z.B. die eines Stückes Würfelzucker, in Energie umwandeln kann.

Das ist nicht die chemische Energie des Würfelzuckers, die beträgt etwa 10 kcal. Wenn wir die verwerten, wird keine Masse umgewandelt sondern nur die Bindungsenergie der Zuckermoleküle ausgenutzt - das ist ungefähr so viel Energie, wie man in einer Minute auf dem Fahrrad wieder abstrampeln kann.

Wenn es uns aber gelänge, nach der obigen Formel die Masse vollständig in Energie umzuwandeln, gäbe das etwa 50 Milliarden kcal an Energie. Das ist mehr als alle Haushalte der Stadt Jülich zusammen in einem Jahr an Strom verbrauchen - aus dem einen Stück Würfelzucker.

Diese Umwandlung von Masse in Energie ist die, die in Kernkraftwerken ausgenutzt wird. Hier wird zwar kein Zucker verbraucht sondern Uran - aber Masse ist Masse. Allerdings wird nur ein winziger Teil der Uranatommasse umgewandelt, doch immerhin so viel, daß man aus 1 kg Uranbrennstoff so viel Energie gewinnen kann wie bei der Verbrennung von 85 t Steinkohle - das sind drei Güterwaggons, voll beladen.

Aber nun zurück; hier geht es zunächst um das Elektron - und auch um seinen Verwandten, das Photon. Die beiden haben eine besonders enge Beziehung, wie wir schon gesehen haben, und wie wir noch weiter sehen werden.

3. Tag, klassische Elektrodynamik.

Im Jahre 1864 schrieb J.C.Maxwell die Gleichungen auf, nur vier kurze Gleichungen, die das Verhalten des Lichtes, ja aller elektromagnetischen Wellen beschreiben, ein Gleichungssystem, das in seiner Schönheit und Einfachheit solche Genialität zeigte, daß der Gedanke entstand, ein Gott hätte sie niedergeschrieben, ähnlich wie die Zehn Gebote, die Moses mit den Steintafeln am Berge Sinai empfing (Abb.3.1).

Für den Uneingeweihten sehen sie aus wie Hieroglyphen, für den, der sie deuten kann, eröffnen sie eine ganze Welt.

Die Genialität zeigte sich erst recht im vollen Umfange, als sich ein halbes Jahrhundert später herausstellte, daß dieses Formelsystem lorentzinvariant ist, d.h. die Gleichungen ändern sich nicht bei einer Lorentz-Transformation. Das Gedankengebäude der Elektrodynamik steht im Einklang mit der Relativitätstheorie.

Diese vier Formeln beschreiben zusammen mit einigen wenigen Ergänzungen die ganze Elektrodynamik – das ist die Lehre von der Elektrizität und vom Magnetismus, von der Bewegung der Ladungen und vom Einfluß der elektrischen und magnetischen Kräfte auf die Bewegung. Das Elektron und seine beiden Verwandten, das Positron und das Photon, sind dabei die wesentlichen Akteure in diesem Spiel. Wenn wir uns mit dem Elektron beschäftigen, ist es daher durchaus angebracht, auch einen Blick auf die Elektrodynamik zu werfen, gewissermaßen auf den Spielplatz des Elektrons.

$$rotH = \frac{1}{c}\frac{\partial}{\partial t}E + \frac{4\pi}{c}j$$

$$rotE = -\frac{1}{c}\frac{\partial}{\partial t}H$$

$$divH = 0$$

$$divE = 4\pi\rho$$

Abb.3.1. Das Maxwellsche Gleichungssystem.
H ist die magnetische Feldstärke, **E** die elektrische Feldstärke, **j** ist die Stromdichte, **ρ** ist die Ladungsdichte, und **c** ist die Lichtgeschwindigkeit.
Die erste Gleichung beschreibt das Magnetfeld um einen elektrischen Strom und um ein sich änderndes elektrisches Feld.
Die zweite Gleichung beschreibt das elektrische Feld um ein sich änderndes magnetisches Feld.
Die dritte Gleichung besagt, daß das Magnetfeld keine Quellen hat, d.h. es gibt keine magnetischen Monopole, die magnetischen Kraftlinien sind geschlossene Kurven.
Die vierte Gleichung besagt, daß die elektrische Ladung die Quelle des elektrischen Feldes ist.

Das Positron werden wir später genauer kennen lernen.

Die Elektrodynamik ist aus dem Physikunterricht noch dunkel in Erinnerung als eine verwirrende Menge von Phänomenen – es tauchten da elektrische Drähte, Spulen, Magnete und vieles mehr auf – und Begriffe wie Felder, Induktion und Halleffekt. Im Physikunterricht in der Schule hieß es einfach nur Elektrizitätslehre.

Die Aufgabe des Physikers besteht nun darin, in diese Vielfalt etwas Ordnung und Übersicht zu bringen, die Prinzipien herauszuarbeiten, so daß man das Schema erkennt, in das sich all diese Phänomene einordnen lassen – etwa so, wie es Newton tat, als er erkannte, daß der vom Baum fallende Apfel und die Bewegung des Mondes beides sich durch die Schwerkraft beschreiben läßt.

Damit wir uns bei der Beschreibung der Phänomene nicht zu kompliziert ausdrücken müssen, ist es zweckmäßig, sich erst einige Begriffe anzuschauen, die immer wieder gebraucht werden. Zunächst ist es gut zu wissen, daß die Elektrodynamik eine klassische Theorie ist, daß all die Fragen und Schwierigkeiten in Zusammenhang mit der Struktur des Elektrons in der Elektrodynamik keine Rolle spielen. Die Elektrodynamik ist, kurz formuliert, die Lehre von der Bewegung des Elektrons, unabhängig davon, was nun ein Elektron ist. Wir brauchen nur zu wissen, daß das Elektron eine elektrische Ladung trägt – die Ladung des Elektrons ist negativ und die des Positrons positiv.

Damit haben wir auch schon den ersten wichtigen Begriff kennengelernt, den Strom. Wenn eine Ladung, Elektron oder Positron, sich bewegt, ist das ein elektrischer Strom – genauso, wie ein Strom aus Wasser, ein Fluß oder Bach, die Bewegung von Wasserteilchen ist. Genauso wie der Wasserstrom durch die Schwerkraft hervorgerufen wird – Wasser fließt vom Berg zum Tal, weil die Erde das Wasser anzieht, genauso entsteht der elektrische Strom durch die Anziehung zwischen ungleichnamigen Ladungen (plus und minus) oder durch die Abstoßung zwischen gleichnamigen Ladungen (plus und plus oder minus und minus). Zwei Elektronen stoßen sich gegenseitig ab; zwei Positronen stoßen sich ebenfalls gegenseitig ab; Elektronen und Positronen ziehen sich gegenseitig an (Abb.3.2).

Was für Positronen gilt, gilt natürlich auch für Protonen; die haben die gleiche Ladung wie Positronen, sind nur erheblich schwerer. Wir erinnern uns, die Protonen sitzen im Kern des Atoms, weshalb dieser Kern auch positiv geladen ist. Eine normale Taschenlampenbatterie ist so gebaut, daß an dem einen Ende, am Minuspol, ein Überschuß an Elektronen vorhanden ist, und am anderen Ende, am Pluspol, zu wenig Elektronen vorhanden sind, d.h. weniger Elektronen als Protonen, deren positive Ladung daher den Pol zum Pluspol machen.
Dabei sitzen die Protonen fest verankert in den Atomkernen des Materials, während die Elektronen, da sie viel kleiner sind, mehr oder weniger frei beweglich sind.

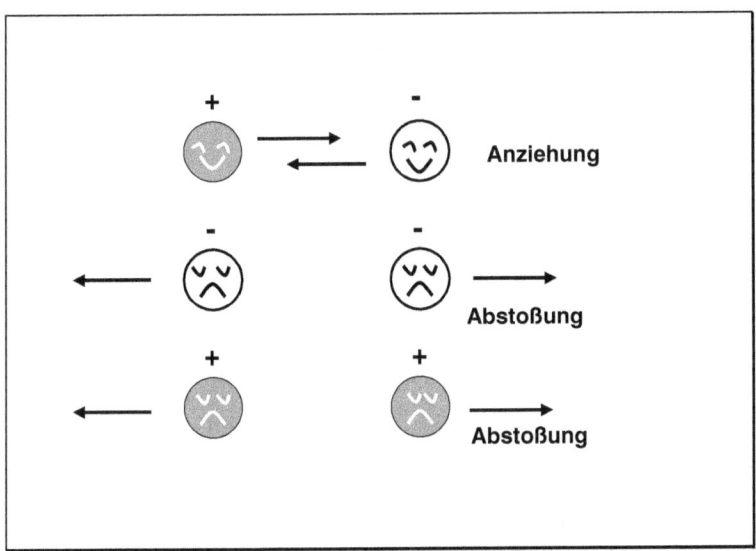

Abb.3.2. Anziehung und Abstoßung.
Ungleichnamige Ladungen ziehen sich gegenseitig an, gleichnamige Ladungen stoßen sich ab.

Verbindet man die beiden Pole mit einem Kupferdraht, dann werden die Elektronen, die im metallischen Kupfer frei beweglich sind, vom Minuspol abgestoßen und vom Pluspol angezogen; die Elektronen bewegen sich durch den Kupferdraht, es fließt ein Strom durch den Kupferdraht.

Nebenbei hat man hier wieder aus Unwissenheit eine Ungeschicklichkeit in der Definition begangen. Den Strom hat man als den Fluß von positiven Ladungsträgern definiert, d.h. der Strom fließt vom Pluspol zum Minuspol. Erst später hat man erkannt, daß die negativen Elektronen die beweglichen Teile sind. Die Elektronen fließen aber vom Minuspol zum Pluspol. Man hat es dennoch bei der Definition gelassen, so daß der elektrische Strom formal vom Pluspol zum Minuspol fließt, obwohl tatsächlich die Elektronen in die andere Richtung fließen. Von außen gesehen macht das keinen Unterschied. Für die elektrodynamischen Phänomene ist es gleichgültig, ob positive Ladungsträger in eine Richtung fließen, oder negative Ladungsträger in die entgegengesetzte Richtung fließen.

Nun bemerkte der dänische Physiker Hans Christian Ørsted (1777 - 1851) im Jahre 1820, daß in der Umgebung eines elektrischen Stromes eine magnetische Kraft vorhanden war. Eine Kompaßnadel, die er neben den stromführenden Kupferdraht gestellt hatte, bewegte sich und stellte sich quer zum Kupferdraht, wenn der Strom eingeschaltet wurde. Schaltete er den Strom wieder aus, stellte sich die Kompaßnadel wieder so ein, daß sie nach Norden zeigte.

Wie das Magnetfeld um den Draht aussah, konnte er mit der Kompaßnadel ausmessen.

Durch einfaches Nachdenken – vornehm ausgedrückt heißt es: durch Symmetrieüberlegungen – kann man schon fast sagen, wie das Magnetfeld um den Draht aussehen muß. Wenn man den stromführenden Draht waagrecht anbringt, z.B. aufgespannt zwischen zwei Haltevorrichtungen, dann muß das Feld unter dem Draht genauso aussehen wie über dem Draht und wie rechts und links vom Draht, weil der Strom ja kein oben und unten kennt. D.h. das Feld muß um den Draht symmetrisch angeordnet sein. Es wäre natürlich möglich, daß sich das Feld ändert, wenn man die Kompaßnadel an dem Draht entlang führt, daß das Feld in der Nähe des Pluspols anders aussähe als in der Nähe des Minuspols. Aber das wurde experimentell ausgeschlossen; das Magnetfeld ist nur von Strom abhängig. Außerdem ist es vernünftig anzunehmen, daß die Stärke des Magnetfeldes proportional zur Stromstärke ist. Wenn die Stromstärke groß ist, ist auch die magnetische Kraft groß, wenn die Stromstärke klein ist, ist auch die magnetische Kraft klein, und ohne Strom ist auch kein Magnetfeld vorhanden. Außerdem ist es vernünftig anzunehmen, daß das Magnetfeld umso schwächer sein wird, je weiter man vom Kupferdraht entfernt ist. Beides mußte natürlich experimentell überprüft werden.

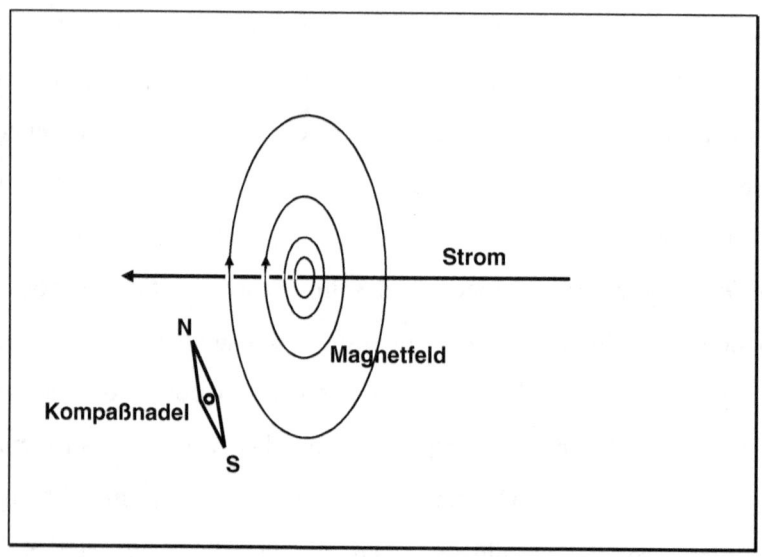

Abb.3.3. Das Magnetfeld eines elektrischen Stromes.
Das Magnetfeld ist ringförmig um den stromführenden Draht angeordnet.

Da die Kompaßnadel sich quer zum Kupferdraht stellt, sieht man schon aus all diesen Überlegungen, daß das Magnetfeld ringförmig um den stromführenden Draht angeordnet ist (Abb.3.3) – und genau das steht auch in der ersten und dritten Gleichung.

Außerdem steht in der dritten Gleichung, es gibt keine Monopole, das Magnetfeld hat keine Quellen, die magnetischen Feldlinien sind geschlossene Kurven. Auch in einem normalen Stabmagneten laufen die Feldlinien von einem Pol durch den umgebenden Außenraum zum andern Pol und durch das Innere des Stabmagneten wieder zurück, bilden also geschlossene Kurven. Je nachdem in welche Richtung der Strom fließt, stellt sich auch die Richtung des Magnetfeldes um den Draht ein.

Ich will hier nicht auf die mathematischen Details eingehen, ich will nur erzählen, was alles in den Gleichungen steht. Wer sich in der Vektoranalysis auskennt, sieht das ohnedies sofort.

H ist das Magnetfeld, j ist die Stromdichte. Auf den ersten Term in der ersten Gleichung komme ich später noch zurück.

Was ist nun ein Feld? Wir haben schon von elektrischen Feldern, vom Gravitationsfeld und jetzt vom Magnetfeld gesprochen. Das klingt zunächst etwas geheimnisvoll – ist aber nicht geheimnisvoller als ein Weizenfeld. Von einem Weizenfeld sprechen wir, wenn auf einer größeren Fläche auf jedem Fleck ein Weizenhalm steht. All diese Weizenhalme bilden das Weizenfeld, mit dem der Wind im Sommer so schön spielt, daß man die Wogen übers Feld laufen sieht.

Genauso sprechen wir von einem magnetischen Feld, wenn wir im Raum in jedem Punkt eine magnetische Kraft vorfinden. In jedem Punkt eines solchen Magnetfeldes können wir die Stärke der magnetischen Kraft angeben. Wir können aber zusätzlich auch in jedem Punkt die Richtung der Kraft angeben, die Richtung, in die die Kompaßnadel zeigt, mit der wir die magnetische Kraft registrieren. Deshalb können wir in einem solchen Feld Linien einzeichnen – oder auch Fäden im Raum ziehen – sogenannte Kraftlinien, die zeigen, in welche Richtung die Kräfte in jedem einzelnen Punkt wirken. Nebenbei bemerkt, ein solches Feld, in dem man sowohl die Stärke als auch die Richtung angeben kann, nennt man mit einem Begriff aus der Mathematik ein Vektorfeld.

Diese Kraftlinien haben keine physikalische Realität. Sie dienen uns lediglich zur anschaulichen Darstellung des Vektorfeldes. Das betone ich deshalb, weil manchmal mit Kraftlinien argumentiert wird, als wären sie wie Gummischnüre reell vorhanden.

Wenn man auf ein Blatt Papier, das in einem Magnetfeld liegt, Eisenfeilspäne streut, sieht man die Kraftlinien – man sieht aber nur, wie die Eisenfeilspäne Ketten oder Fädchen bilden, die sich im Magnetfeld so ausrichten, wie die magnetischen Kraftlinien verlaufen, also keine wirklichen Kraftlinien.

Dabei dürfen wir auch nicht vergessen, daß wir gar nicht wissen, was ein magnetisches Feld, eine magnetische Kraft „wirklich" ist; wir kennen die magnetische Kraft nur durch ihre Wirkung auf die

Kompaßnadel. Genauso wenig wissen wir, was die elektrische Kraft oder die Schwerkraft „wirklich" sind; wir kennen sie nur durch ihre Wirkung auf eine Ladung bzw. auf eine Masse. Wir können diese Kräfte nur als gegebene Eigenschaften des Raumes beschreiben.

Aus diesem einen Phänomen, daß sich nämlich um eine bewegte Ladung ein ringförmiges Magnetfeld ausbildet, lassen sich viele andere Phänomene erklären, z.B. daß eine Spule aus Kupferdraht, durch die man einen Strom schickt, ein Magnetfeld bildet, das aussieht wie das Magnetfeld eines Stabmagneten, daß man Elektromagnete bauen kann. All diese Phänomene beruhen auf dem einen Phänomen, das H.C.Ørsted entdeckte.

Damit verstehen wir auch, wie das Magnetfeld des um den Kern kreisenden Elektrons zustande kommt – zumindest im klassischen Bild. Das kreisende Elektron ist ja analog zu einer Spule mit einer Windung, die um den Atomkern gelegt wird. Dieses bewegte Elektron stellt einen Kreisstrom um den Kern dar, welcher das Magnetfeld erzeugt.

Ebenso ist das rotierende Elektron analog zu einer kleinen Spule, so daß auch hierbei ein Magnetfeld entsteht – aber da sind wir schon bei all den Schwierigkeiten, die wir am ersten Tag kennengelernt haben. Die kleine rotierende geladene Kugel erzeugt ein Magnetfeld, das so aussieht wie das einer kurzen Spule oder eines kurzen Stabmagneten (Abb.3.4).

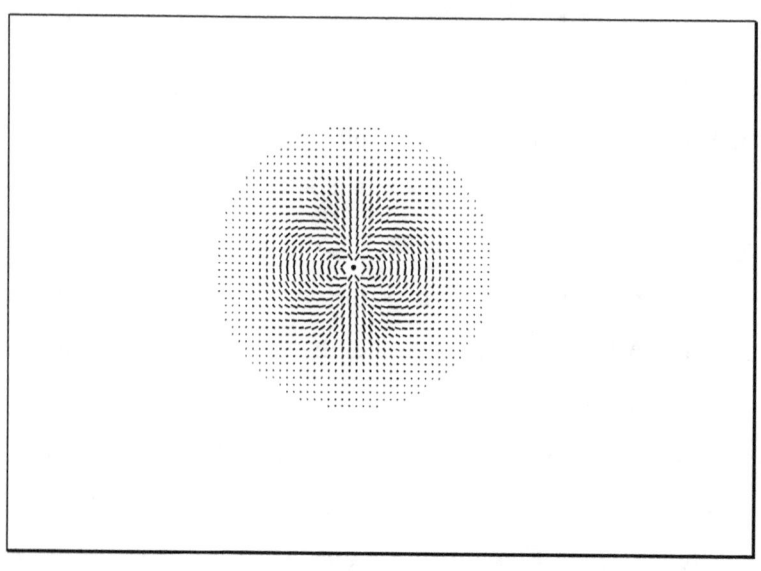

Abb.3.4. Das Magnetfeld des Elektrons.
Das Magnetfeld des Elektrons hat die gleiche Form wie das Feld eines kleinen sehr kurzen Stabmagneten oder einer sehr kurzen Spule, in der ein elektrischer Strom fließt. Es ist das Magnetfeld einer rotierenden elektrischen Ladung.

Dieses Phänomen, daß jeder elektrische Strom ein Magnetfeld ausbildet, wirdАмпéresches Gesetz genannt zu Ehren des französischen Physikers und Mathematikers Andre Marie Ampére (1775 – 1836) – obwohl es von Ørsted entdeckt wurde. Ampere hat aber das Magnetfeld berechnet.

Wir wollen uns nun ein weiteres Phänomen anschauen, das auftritt, wenn ein Elektron – oder irgend eine Ladung, auch eine positive Ladung, also ein Positron oder ein Proton - sich in einem Magnetfeld bewegt.

Es entsteht eine Kraft, die das Elektron ablenkt, und zwar senkrecht zur Bewegungsrichtung des Elektrons und senkrecht zur Richtung des Magnetfeldes (Abb.3.5). Diese Kraft wurde zu Ehren des niederländischen Physikers Hendrik Antoon Lorentz (1853 - 1928) als Lorentz-Kraft bezeichnet. Um es ganz deutlich zu sagen, dieses Phänomen hat im klassischen Bild nichts mit dem ersten Phänomen zu tun, läßt sich also nicht etwa daraus ableiten. Es ist ein grundlegend weiteres Phänomen und gilt allgemein für jede elektrische Ladung. Bewegt sich eine elektrische Ladung in einem Magnetfeld, so wirkt eine Kraft auf die Ladung, die senkrecht sowohl zur Bewegungsrichtung als auch zur Richtung des Magnetfeldes steht.
Andere Physiker behaupten, daß dieses Phänomen nicht etwas grundlegend Neues ist, sondern daß sich die Lorentz-Kraft aus dem Ampéreschen Gesetz ableiten läßt. Das ist auch richtig, nur muß man

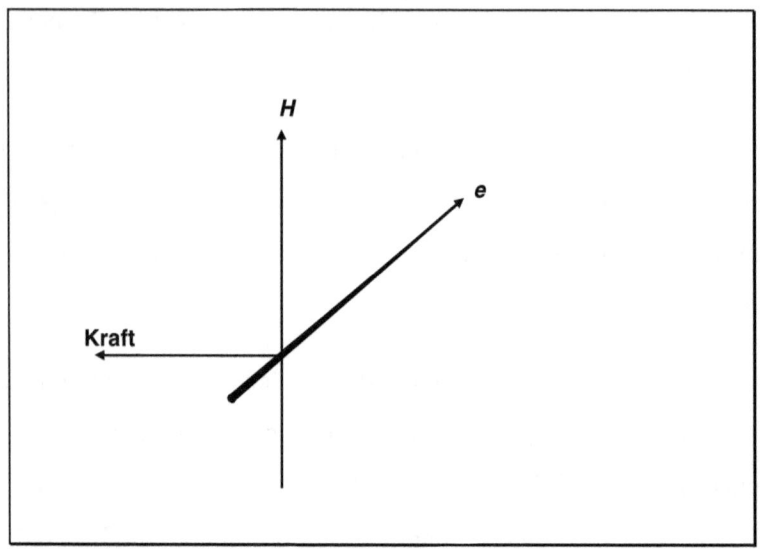

Abb.3.5. Die Lorentz-Kraft.
Wenn eine elektrische Ladung – hier ein Elektron *e* – sich in einem Magnetfeld **H** bewegt, dann wird es durch die Lorentz-Kraft abgelenkt – senkrecht zur Bewegungsrichtung der Ladung und senkrecht zur Richtung des Magnetfeldes.

dazu die Relativitätstheorie zu Hilfe nehmen. So ist es auch oft reine Ansichtssache, welche Phänomene grundlegend sind und welche sich aus den anderen ableiten lassen. Letzten Endes ist es ja so, daß alles wie ein Puzzle zusammenpassen muß, wobei das eine aus dem anderen folgt. Es ist nur manchmal leichter darzustellen, wenn man von bestimmten Phänomenen ausgeht und die als grundlegend betrachtet, auch wenn sie sich bei einer Erweiterung des Weltbildes als ableitbar aus anderen Phänomenen erweisen. Das ist ja gerade die Erweiterung und Verallgemeinerung, die höhere Warte, die man sucht.

Wir haben alle – vielleicht nur fast alle – die Versuche im Physikunterricht gesehen, bei denen zwei Drähte, durch die Ströme fließen, sich gegenseitig anziehen, wenn die beiden Ströme parallel fließen und sich gegenseitig abstoßen, wenn die beiden Ströme antiparallel fließen. Die Erklärung für diese Erscheinung ergibt sich leicht aus dem Zusammenspiel der beiden Phänomene, Ampéresches Gesetz, und Lorentz-Kraft. Der eine Stromleiter erfährt die Lorentz-Kraft im Magnetfeld des zweiten Leiters.

Mit der Lorentz-Kraft können wir Elektromotoren bauen, Staubsauger und Lokomotiven betreiben. Mit der Lorentz-Kraft können wir die Elektronen in der Fernsehröhre steuern und damit die Bilder der Tagesschau und der Krimis auf dem Schirm erzeugen. Auch die Darstellung der e-mail Texte auf dem PC Monitor werden damit erst möglich (in den neuen Flachbildschirmen läuft das anders).

Das dritte Phänomen, das wir behandeln wollen, schließt gewissermaßen den Reigen der Phänomene, der die ganze Elektrodynamik beschreibt. Das ist die Induktion.

Wenn wir eine Drahtschleife in einem Magnetfeld anbringen und das Magnetfeld, das durch die Drahtschleife geht, ändern, dann entsteht in der Drahtschleife ein Strom, man sagt, es wird ein Strom bzw. eine Spannung, die zum Strom führt, in der Drahtschleife induziert.

Dabei ist es gleichgültig, ob wir die Drahtschleife aus dem Magnetfeld entfernen, oder ob wir das Magnetfeld abschalten, oder ob wir die Drahtschleife so drehen, daß das Magnetfeld, das durch die Schleife geht, geändert wird. In allen Fällen wird ein Strom induziert.

Wenn wir den letzten Fall betrachten, daß die Stromschleife im Magnetfeld bewegt wird, dann können wir auch die Entstehung des induzierten Stromes durch die Lorentz-Kraft erklären. Wir sehen, daß diese Erscheinung, die Lorentz-Kraft, in der Erscheinung der Induktion enthalten ist.

Anders ausgedrückt, um ein sich änderndes Magnetfeld entsteht eine elektrische Kraft, wird eine elektrische Kraft induziert, wie man sagt. Und genau das steht in der zweiten Maxwellschen Gleichung.

In dieser Gleichung steht, daß sich ein ring- oder kreisförmiges elektrisches Feld um ein Magnetfeld ausbildet, wenn das Magnetfeld sich ändert (Abb.3.6).

Man erkennt eine gewisse Symmetrie zwischen den beiden ersten Gleichungen. Wenn die Stromdichte j nicht da wäre, könnten wir die beiden Felder, das magnetische Feld H und das elektrische Feld E gegeneinander vertauschen, ohne das sich die Struktur der beiden Gleichungen ändert – bis auf das Vorzeichen und die beiden Koeffizienten ε und μ.

Wir kommen darauf noch zurück. Wir wollen uns aber vorher noch mit dem ersten Term auf der rechten Seite der ersten Gleichung etwas genauer beschäftigen, sehen, was dahinter steckt, damit wir besser verstehen können, was diese Symmetrie beinhaltet, und uns etwas genauer mit dem elektrischen Feld beschäftigen.

Stellen wir uns zwei parallele Metallplatten vor. Die eine Platte soll einen Überschuß an Elektronen haben, also negativ geladen sein. Die andere Platte soll ein Defizit an Elektronen haben, also positiv geladen sein. Wir erreichen das leicht, indem wir die eine Platte durch einen Kupferdraht mit dem Minuspol einer Batterie und die andere Platte mit dem Pluspol der Batterie verbinden. Strom fließt dabei keiner, weil ja die beiden Platten durch einen Zwischenraum getrennt sind. Aber dieser Zwischenraum ist mit einem elektrischen Feld ausgefüllt. Ein einzelnes frei schwebendes Elektron in diesem Zwischenraum würde von der negativ geladenen Platte abgestoßen und von der positiv geladenen Platte angezogen. Es würde sich also unter dem Einfluß der elektrischen Kraft zwischen den beiden Platten in Bewegung setzen.

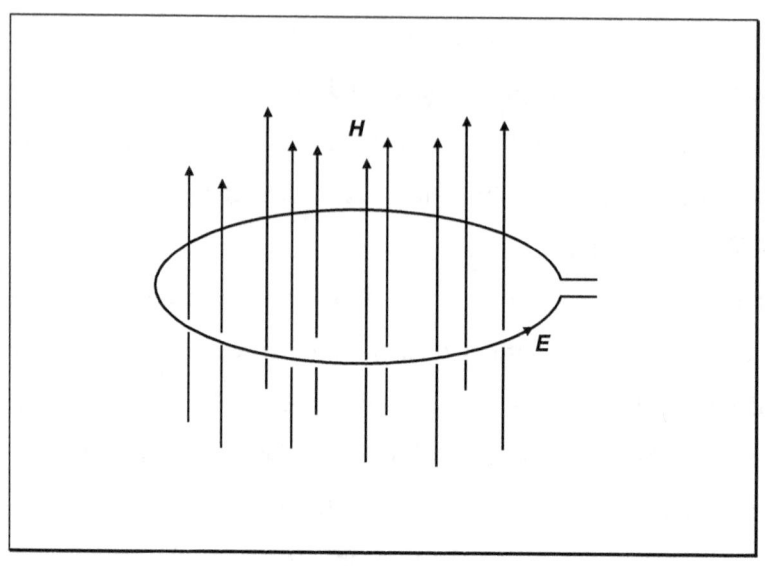

Abb.3.6. Induktion.
Wenn das Magnetfeld **H** sich zeitlich ändert, dann entsteht ein elektrisches Feld **E** um dieses Magnetfeld. Legt man einen Kupferdraht um das Magnetfeld, dann erzeugt das entstandene elektrische Feld einen Strom im Kupferdraht.
Die Änderung des Magnetfeldes innerhalb der Stromschleife kann eine echte zeitliche Änderung sein – oder sie kann dadurch zustande kommen, daß die Stromschleife so bewegt wird, daß das Magnetfeld innerhalb der Stromschleife sich ändert, z.B. durch Drehen der Stromschleife oder dadurch, daß die Stromschleife aus dem Magnetfeld herausgenommen wird.

Im letzteren Fall läßt sich die Induktion auch durch die Lorentz-Kraft erklären; dann muß sich zwangsläufig ein Teil des Kupferdrahtes im Magnetfeld bewegen, während der andere Teil sich schon außerhalb des Magnetfeldes befindet. Dann entsteht durch die Lorentz-Kraft in dem Teil, der sich noch im Magnetfeld befindet, ein Strom, der nicht mehr kompensiert wird, weil in dem Teil, der sich schon außerhalb des Magnetfeldes befindet, kein Strom entsteht.

Wir haben also zwischen den beiden Platten ein elektrisches Feld, dessen Feldlinien quer über den Zwischenraum von der einen Platte zur anderen Platte reichen. Wenn wir nun die Batterie durch einen weiteren Kupferdraht ersetzen, dann fließen Elektronen durch diese Leitung von der Platte mit Elektronenüberschuß in die Platte, wo zu wenig Elektronen sind, denn die Elektronen im Kupferdraht werden ja durch die elektrischen Kräfte, die von den Platten ausgehen, entsprechend getrieben. D.h. es fließt ein Strom von der einen Platte durch die Leitung in die andere Platte.

Nach der ersten Maxwellschen Gleichung entsteht dabei ein Magnetfeld um den Kupferdraht. Was passiert nun mit dem elektrischen Feld zwischen den Platten? Nun, der Strom fließt so lange, bis der Elektronenüberschuß der einen Platte das Defizit der anderen Platte ausgeglichen hat. Dann passiert nichts mehr. Es fließt kein Strom mehr, und das elektrische Feld zwischen den Platten ist auch verschwunden.

Aber während der Strom fließt – das ganze läuft übrigens sehr schnell ab – bildet sich nicht nur um den Kupferdraht ein Magnetfeld aus, sondern auch um die Platten – und zwar so, als würde zwischen den Platten durch den Zwischenraum auch ein Strom fließen, als würde er durch die Verschiebung der Ladung von der einen Platte zur anderen entstehen. D.h. auch das sich ändernde elektrische Feld zwischen den Platten – es ändert sich ja von einem bestimmten Wert zu Null – bildet ein Magnetfeld aus.

Das gleiche passiert wieder, wenn wir die Platten mit Hilfe der Batterie erneut aufladen. Auch dann fließt ein Strom durch die Leitung; die Batterie pumpt Elektronen von der einen Platte in die andere und erzeugt so wieder das Elektronenungleichgewicht und damit auch das elektrische Feld zwischen den Platten. Auch hierbei bildet sich ein Magnetfeld aus, sowohl um die Kupferleitung als auch um die Platten. So als würde auch durch den Zwischenraum ein Strom fließen.

Und genau das steht in der ersten Maxwellschen Gleichung. Sowohl der Strom j als auch das sich ändernde elektrische Feld E erzeugen ein Magnetfeld H, dessen Kraftlinien sich wie konzentrische Kreise um die stromführende Leitung und um das sich ändernde elektrische Feld legen.

Je nachdem ob sich das elektrische Feld aufbaut oder abbaut, ändert sich die Richtung des magnetischen Feldes.

Mit den Wörtern „aufbauen" und „abbauen" habe ich bereits etwas Wichtiges angedeutet. Der ganze Vorgang, der Aufbau des Magnetfeldes um den stromdurchflossenen Draht geschieht nicht plötzlich und auch nicht im ganzen Raum gleichzeitig.

Wenn der Strom eingeschaltet wird, fängt der Aufbau des Magnetfeldes in unmittelbarer Nähe des Kupferdrahtes an. Würde das Magnetfeld plötzlich entstehen, dann würde es nach der zweiten Gleichung eine unendlich große elektrische Feldstärke induzieren, und das geht nicht; schon aus energetischen Gründen nicht, d.h. das Magnetfeld entsteht langsam.

Die elektrische Feldstärke, die dabei nach der zweiten Gleichung entsteht, hat die entgegengesetzte Richtung von der ursprünglichen Feldstärke, mit der wir den Strom im Kupferdraht erzeugt haben. Dafür sorgt das negative Vorzeichen in der Gleichung. Das bedeutet aber, daß der Strom im Kupferdraht gebremst wird. Diese Selbstinduktion, also eine Rückwirkung des entstehenden Magnetfeldes auf den Strom durch Induktion, sorgt also auch dafür, daß der Strom nicht plötzlich in voller Stärke fließen kann. Er baut sich durch diesen Bremseffekt langsam auf, nachdem der Schalter zur Batterie geschlossen wird. Langsam heißt hier allerdings für menschliche Verhältnisse überaus schnell, aber eben nicht plötzlich. Diese Erscheinung, daß das induzierte Feld dem ursprünglichen Feld entgegenwirkt, ist auch als Lenz´sche Regel bekannt.

Auch kann das Magnetfeld nicht überall gleichzeitig entstehen, denn dann würde das induzierte elektrische Feld mit wachsendem Abstand vom Draht immer größer werden; in einer sehr großen Drahtschleife, die parallel zum Kupferdraht läge, wäre das eine sehr große Änderung des gesamten Magnetfeldes und damit auch eine sehr große induzierte Feldstärke. Daher muß das Magnetfeld sich mit einer endlichen Geschwindigkeit vom Draht her ausbreiten.

Wenn wir das nun zusammenfassen, sehen wir, es passiert etwas ganz Merkwürdiges. Wenn sich ein elektrisches Feld ändert, bildet sich um dieses elektrische Feld ein magnetisches Feld. Wenn das elektrische Feld schwingt, also dauernd seine Richtung ändert, ändert auch das magnetische Feld dauernd seine Richtung, schwingt also mit derselben Frequenz. Um das sich ändernde magnetische Feld bildet sich aber wiederum ein elektrisches Feld aus, welches wiederum ein magnetisches Feld ausbildet u.s.w. Es entsteht eine Welle von schwingenden elektrischen und magnetischen Feldern, die sich vom ersten schwingenden elektrischen Feld ausbreitet – eine elektromagnetische Welle (Abb.3.7).

Die Frequenz dieser Schwingung ist gleich der Frequenz der ersten Schwingung. Die erste Schwingung stellt also die Antenne dar, die die elektromagnetische Welle abstrahlt. Mit ein wenig Mathematik, die ich hier aber nicht vorführen will – das ermüdet nur – ergibt sich, daß die Ausbreitungsgeschwindigkeit nur durch die beiden Koeffizienten ε und μ gegeben ist. Die entsprechende Formel und die Werte für ε und μ kann man in jedem Lehrbuch nachschlagen. Man erhält damit die wohlbekannte Geschwindigkeit der elektromagnetischen Welle c = 300 000 km/sek.

Auch wenn nur einmal der Strom eingeschaltet wird und das dabei entstehende Magnetfeld sich ausbreitet – wie vorhin beschrieben – geschieht das mit dieser Geschwindigkeit.

Die Maxwellschen Gleichungen beschreiben also auch die Ausbreitung der elektromagnetischen Welle. Dazu gehört das ganze Spektrum von Radiowellen, Langwellen, Kurzwellen, UKW, Wärmestrahlung (Infrarotstrahlung), Licht (rot, gelb, grün, blau, violett), Ultraviolett bis zur Gammastrahlung.

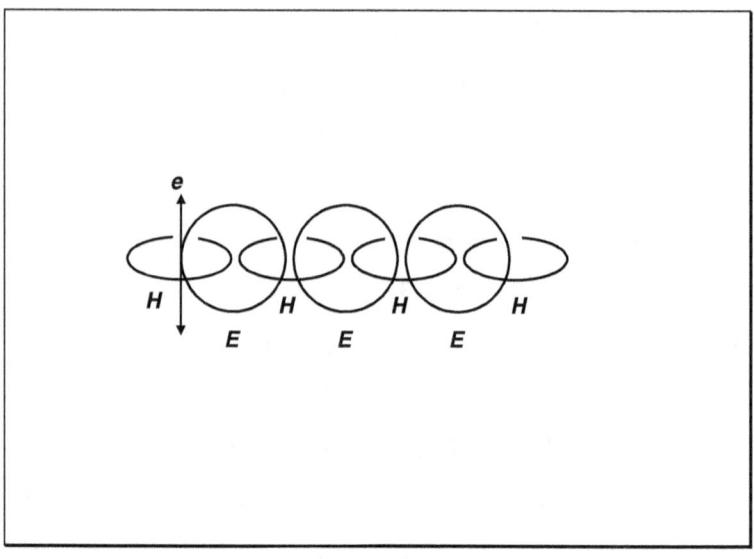

Abb.3.7. Elektromagnetische Welle.
Links in der Abbildung schwingt ein elektrisches Feld, z.B. durch einen Wechselstrom oder durch ein Elektron, das sich periodisch auf und ab bewegt.
Fortschreitend von links nach rechts sehen wir: Um dieses schwingende elektrische Feld - die Antenne - bildet sich ein magnetisches Feld, das mit derselben Frequenz schwingt. Um das sich ändernde magnetische Feld bildet sich aber wiederum ein elektrisches Feld aus, welches wiederum ein magnetisches Feld ausbildet u.s.w. Es entsteht eine Welle von schwingenden elektrischen und magnetischen Feldern, die sich vom ersten schwingenden elektrischen Feld ausbreitet – eine elektromagnetische Welle.
Hier ist nur die Ausbreitung von links nach rechts dargestellt; tatsächlich breitet sich die Welle nach allen Seiten senkrecht zur ursprünglichen Bewegung des Elektrons aus.

All diese Wellen unterscheiden sich nur durch die Frequenz. Die Geschwindigkeit ist für alle gleich. Damit haben wir auch das Licht als elektromagnetische Welle im Rahmen der klassischen Elektrodynamik mit Hilfe der Maxwellschen Gleichungen beschrieben. Wir erahnen damit die ganze Welt, die in diesen Gleichungen steckt, die gesamte moderne Welt der Elektrizität und der elektronischen Kommunikation.

Wir wollen uns mal anschauen, was ein einzelnes Elektron zur klassischen Elektrodynamik sagt, wie es sich verhält und was es bewirkt.

Angenommen ein einzelnes Elektron fliegt an uns vorbei; was merken wir? Nun, wenn es näher kommt, merken wir einen Anstieg der elektrischen Feldstärke, der Feldstärke, die von der Ladung gemäß der dritten Gleichung ausgeht. Da steht, daß die elektrische Ladung – hier als Ladungsdichte ρ geschrieben – die Quelle der elektrischen Feldstärke E ist.

Wenn das Elektron vorbeifliegt, messen wir das Maximum der Feldstärke, und wenn das Elektron sich wieder entfernt, verschwindet die elektrische Feldstärke wieder.

Wir sehen also eine kurzzeitige Änderung der elektrischen Feldstärke – von Null auf einen Wert E und dann wieder auf Null. Demnach müßte auch ein magnetisches Feld induziert werden, eines, das sich ebenfalls ändert. Wir sehen schon, wenn wir das weiterverfolgen, es müßte eine elektromagnetische Welle entstehen.

Das Elektron müßte, wenn es an uns vorbeifliegt, einen Lichtblitz erzeugen, eine elektromagnetische Welle in irgend einem Frequenzbereich, abhängig von der Geschwindigkeit, mit der es vorbeifliegt. Da aber das Elektron nicht wissen kann, wo wir gerade mit unseren Meßgeräten stehen, wird es auf seiner Bahn dauernd elektromagnetische Wellen abstrahlen. Die ganze Bahn des Elektrons müßte leuchten.

Wir wissen aber aus Experimenten, daß das nicht geschieht; das Elektron bewegt sich höchst unauffällig. Auch könnte es gar nicht dauernd Licht abstrahlen, ohne sofort vor Erschöpfung zu verschwinden. Es müßte ja die Energie für das Licht irgendwo hernehmen, etwa abgebremst werden.

Nun, was geschieht dann?

Das Elektron sendet tatsächlich laufend elektromagnetische Wellen aus. Aber die Welle, die es in einem Augenblick ausgesendet hat, interferiert mit der Welle, die es im nächsten Augenblick, etwas später, aussendet. Und wenn der nächste Augenblick zeitlich einer halben Wellenlänge entspricht, dann löschen sich die beiden Wellen durch Interferenz aus.

Nun findet man zu jedem Zeitpunkt auf der Bahn des Elektrons einen später liegenden Zeitpunkt, von dem eine Welle ausgeht, die gerade die erste Welle auslöscht. Im Endeffekt strahlt also das Elektron nichts ab, solange es sich gleichförmig, d.h. mit konstanter Geschwindigkeit, bewegt. Man kann es auch so auffassen, als ob das Elektron dauernd Photonen emittiert, die sofort wieder von ihm absorbiert werden.

Wenn aber die Bewegung des Elektrons gestört wird, wenn es z.B. durch eine andere Ladung abgelenkt wird, dann stimmt das Interferenzmuster mit der totalen Auslöschung nicht mehr. Dann bleibt tatsächlich elektromagnetische Strahlung übrig. Das Elektron, das seinen Bewegungszustand ändert, sei es durch Änderung des Betrages seiner Geschwindigkeit, wenn es auf ein Hindernis stößt, oder sei es durch die Änderung der Richtung seiner Geschwindigkeit, das strahlt elektromagnetische Wellen ab, sogenannte Bremsstrahlung. Diese Strahlung läßt sich auch messen, z.B. als schwache Strahlung vom Fernsehschirm, weil in der Fernsehröhre die Elektronen abgelenkt werden, um die Bilder auf dem Schirm zu erzeugen und schließlich abgebremst werden, wenn sie auf den Schirm treffen.

Hier verhalten sich die Elektronen durchaus klassisch, richten sich brav nach der klassischen Elektrodynamik.

Aus demselben Grund müßten sie aber auch Licht abstrahlen, wenn sie sich im Atom um den Kern bewegen. Auf der Kreisbahn ändern sie ja dauernd die Richtung ihrer Bewegung – damit sind wir schon wieder bei den bereits geschilderten Schwierigkeiten. Hier stoßen wir auf die Grenzen der klassischen Elektrodynamik.

Mir ging es darum, an Hand der Elektrodynamik zu zeigen, wie man aus wenig vorgegebenen Tatsachen das Verständnis für die vielen verwirrenden Erscheinungen entwickeln kann. Dabei muß man sich vergegenwärtigen, was uns die Natur als gegeben vorsetzt, kann man nicht „verstehen" im Sinne von logisch per se folgern.

Wir können nicht „verstehen", warum sich um einen elektrischen Strom ein Magnetfeld ausbildet, oder warum es elektrische Ladungen gibt, wir können es nur als gegeben hinnehmen.

Natürlich können wir im Rahmen einer weiteren Theorie der Elementarteilchen das Vorhandensein von Ladungen erklären. Aber dann haben wir das Problem des Verstehens nur auf eine allgemeinere Stufe gehoben. Auch in einer solchen umfassenderen Theorie gibt es dann Dinge, die wir als von der Natur gegeben hinnehmen müssen.

Die Kunst besteht darin, auseinanderzuhalten, was uns die Natur vorsetzt, und was wir daraus folgern können, um so unser Gedankengebäude auf möglichst wenigen Voraussetzungen aufzubauen – das ist es, was uns das Gefühl des Verstehens gibt.

Auch ist nichts Mystisches oder Übernatürliches in der Natur vorhanden – was nicht bedeutet, daß wir mit unserem Gehirn alles verstehen können. Es liegt aber soviel Wunderbares – für uns offen oder noch versteckt – in der Natur, daß schon dadurch unsere Ehrfurcht davor geweckt wird.

4. Tag, Antimaterie, Gravitation.

Nun zurück zum Elektron. Das Elektron zeigte nach der alten, „klassischen" Vorstellung Geschwindigkeiten, die weit über der Lichtgeschwindigkeit lagen, d.h. in dieser Vorstellung war etwas grundlegend falsch. Die Vorstellung von dem Elektron als kleiner rotierenden Kugel mußte aufgegeben werden - aber was ist es dann? Das Elektron läßt sich nicht ohne Widersprüche mit dem Werkzeug aus den beiden Theorien Elektrodynamik und Relativitätstheorie beschreiben.

Das Verhalten des Elektrons läßt sich mit Hilfe der Quantentheorie beschreiben - nur über die Struktur des Elektrons weiß man immer noch nichts, und dann kam dieser vorhin erwähnte Schönheitsfehler hinzu.

Wir kommen nun - wie vorhin versprochen - zurück zu einem experimentellen Beispiel für das Korrespondenzprinzip.

Von der Vorstellung, das Elektron wäre eine kleine rotierende Kugel, mußten wir uns verabschieden. Den Spin als mechanischen Eigendrehimpuls des Elektrons zu deuten, führte zu großen Schwierigkeiten. Trotzdem kamen Einstein und de Haas auf die Idee, in einem Stück Eisen mit Hilfe eines Elektromagneten die magnetischen Momente der Elektronen in den Eisenatomen auszurichten, d.h. alle in dieselbe Richtung zu kippen. Normalerweise zeigen sie alle in verschiedene Richtungen, die Richtungen sind zufällig verteilt. Nur wenn das Eisenstück magnetisch ist, zeigen sie mehr oder weniger in eine gemeinsame Richtung. Und das wollten Einstein und de Haas mit einem äußeren Magnetfeld erreichen. Wenn dabei dann notwendigerweise auch die mechanischen Eigendrehimpulse dieser Elektronen in dieselbe Richtung umklappten, müßte das bei den vielen Elektronen zu einem gemeinsamen Effekt führen, das Eisenstück müßte sich drehen.

Und siehe da, als der Strom für das Magnetfeld, das die magnetischen Momente der Elektronen ausrichten sollte, eingeschaltet wurde, drehte sich auch das Eisenstück.

Gleichzeitig fing der Kabelschacht des Institutes durch diesen starken Stromstoß Feuer. Das führte dazu, daß Einstein und de Haas auf Grund des Experimentes berühmt wurden und gleichzeitig im Institut Experimentierverbot bekamen.

Der Versuch ist sicher später unter größeren Vorsichtsmaßnahmen wiederholt worden. Er zeigt, daß, obwohl wir den Spin des Elektrons nicht einfach als mechanischen Eigendrehimpuls beschreiben können, die Summe all dieser Spins einen klassischen Drehimpuls ergibt, d.h. es existiert eine klassische Korrespondenz zum quantenmechanischen Spin.

Ungefähr zur selben Zeit, als Schrödinger seine Gleichung, mit der er das Elektron als Welle beschreiben konnte, aufstellte, entwickelte Heisenberg eine Theorie, in der er die Sprünge der Elektronen im Atom in einer Tabelle anordnete. Die Spalten der Tabelle wurden nach den Quantenzahlen der möglichen Anfangszustände geordnet, die Zeilen nach den Quantenzahlen der Endzustände, und in den einzelnen Rubriken stand die sogenannte Übergangswahrscheinlichkeit, die Wahrscheinlichkeit mit der ein solcher Sprung stattfinden kann. Solche Tabellen heißen in der Mathematik Matrizen - die ganze Theorie wurde dementsprechend mit dem Namen Matrizenmechanik belegt.

Die Schrödingersche Wellenmechanik und die Heisenbergsche Matrizenmechanik schienen zunächst zwei vollständig verschiedene Theorien zu sein, obwohl sie beide gleich gut das Verhalten der atomaren Welt beschreiben - beide auch wieder, ohne daß wir wissen warum. Dirac gelang es dann zu zeigen, daß die beiden Theorien identisch sind, daß es sich nur um zwei verschiedene Darstellungsweisen einer Theorie handelt. Damit war auch verständlich, warum die beiden Theorien gleich gut waren - und gleich unverständlich.

Diese gemeinsame Theorie arbeitet mit einem mathematischen Formalismus, der schon Anfang des 20. Jahrhunderts vom Mathematiker Hilbert entwickelt wurde, ohne zu wissen, welche Anwendung er in der Physik finden sollte.

Mit diesen Vorstellungen der Quantentheorie konnte man einigermaßen das Verhalten der Atome mit ihren Elektronenhüllen beschreiben. Aus den Spektren der Atome, den bunten Streifen, die entstehen, wenn man das von den Atomen bei den Sprüngen der Elektronen von einer Bahn zur anderen emittierte Licht durch ein Glasprisma schickt, konnte man sehen, wie die Elektronen sich auf verschiedene Bahnen verteilen - wie die Planeten um die Sonne. Mit den Quantenzahlen hielt man Ordnung in dieser kleinen Welt.

Aber Fragen blieben immer noch offen, u.a. die Frage, warum die Elektronen sich nicht alle in der tiefsten Bahn sammeln. Das wäre doch der stabilste Zustand, wie wir vorhin gesehen haben.

Um das zu beschreiben - ich sage absichtlich nicht „verstehen", nur „beschreiben" - mußte wieder ein Postulat aufgestellt werden.

Nun, ein Postulat ist nichts anderes als eine Erklärung im Sinne von „so isses eben".

Wir kennen schon einige Postulate, haben uns nur so an solche Postulate gewöhnt, daß wir sie gar nicht mehr als solche empfinden und erkennen. Sie haben für uns die Form der Selbstverständlichkeit erreicht, wie z.B. das Postulat: „Jede Tasse, die wir loslassen, fällt zu Boden."

Auch das ist ein Postulat. Nur klingt das sehr unwissenschaftlich. Deshalb hat man es anders ausgedrückt: „Massen ziehen sich gegenseitig an". Newton formulierte das so, und man spricht deshalb vom Newtonschen Gravitationsgesetz. In dem Spezialfall, der in der Küche gilt, bedeutet das, die Erde zieht die Tasse an, mit einer bestimmten Kraft, oder genauer, die Erde und die Tasse ziehen sich gegenseitig an. Weil eine Tasse schwer ist, heißt die Kraft auch

Schwerkraft. Sie beträgt im Falle der Tasse 300 Gramm; jedenfalls zeigt meine Briefwaage das an, wenn ich die Tasse darauf stelle.

Nicht nur die Erde zieht die Tasse mit dieser Kraft an, auch die Tasse zieht die ganze Erde mit derselben Kraft an. Sie ziehen sich eben gegenseitig an.

Die etwas allgemeinere Formulierung unseres Tassenpostulats durch die Gravitationskraft hat den Vorteil, daß wir erkennen, daß für unsere Tasse die gleiche Gesetzmäßigkeit gilt wie für die Bahn des Mondes, sowie für Ebbe und Flut. Das alles läßt sich aus dem Newtonschen Postulat der Massenanziehung erklären. Damit hat man zwar noch nicht „verstanden", warum die Tasse zu Boden fällt, aber man hat gedanklich Ordnung in die verschiedenen Erscheinungen gebracht.

Nun zurück zum Pauliprinzip! Das Postulat, aus dem folgt, daß die Elektronen sich nicht alle in der tiefsten Bahn drängeln können, wurde von Pauli formuliert, daher der Name Pauliprinzip. Dazu müssen wir nun doch etwas ausholen.

Der Spin des Elektrons hat noch eine merkwürdige Eigenart. Man könnte meinen, diese kleinen Kreisel sind auf den Bahnen so verteilt, daß deren Drehachsen - alles in der klassischen Vorstellung, die ja nicht zulässig ist - wild in alle Richtungen zeigen. Das ist nicht der Fall. Sobald man ein Magnetfeld von außen an das Atom legt - das braucht man, um überhaupt den Spin des Elektrons registrieren zu können - stellen sich die Elektronen so ein, daß der Spin bezüglich dieses äußeren Magnetfeldes entweder in dieselbe Richtung zeigt oder in die entgegengesetzte Richtung. Nur diese beiden Zustände sind möglich.

Dasselbe passiert natürlich auch in der Elektronenhülle, wenn der Atomkern selbst ein Magnetfeld besitzt, oder wenn die ganze Elektronenhülle ein Magnetfeld erzeugt. Wenn ein Elektron mit seiner elektrischen Ladung um den Atomkern kreist, ist das ja dasselbe wie ein Strom in einer Spule. Das Elektron erzeugt durch seine Kreisbahn ein sogenanntes Bahndrehmoment und damit auch ein magnetisches Moment. Das sind also zwei verschiedene Drehmomente. So wie die Erde, die einmal im Jahr um die Sonne kreist, ein Bahndrehmoment hat und durch die Eigenrotation - einmal pro Tag - einen Spin besitzt, hat also jedes Elektron in der Hülle des Atoms einen Bahndrehimpuls neben seinem Spin. Und weil das Elektron elektrisch geladen ist, erzeugt es die entsprechenden Magnetfelder, nämlich das magnetische Moment durch die Bahn um den Atomkern und das magnetische Moment durch den Spin.

In dem für das Elektron äußeren Magnetfeld - entweder in dem, das wir von außen durch eine Spule anlegen, oder in dem, das die anderen Elektronen zusammen erzeugen, oder in dem, das der Atomkern selbst hat, oder in der Summe aller drei Magnetfelder - in diesem äußeren Magnetfeld stellt sich der Spin ein mit einer der beiden Möglichkeiten, parallel oder antiparallel.

Auch diese Möglichkeiten werden durch Quantenzahlen numeriert. Weil aber der Spin nur zwei Einstellmöglichkeiten hat, numeriert man diese nicht mit 1 und 2 sondern zweckmäßigerweise mit + (plus) und – (minus) oder, weil Englisch halt inzwischen die Sprache der Wissenschaft geworden ist, mit „up" und „down".

Das Pauliprinzip besagt nun, daß Elektronen, die sich auf ein und derselben Bahn befinden, unterschiedliche Quantenzahlen haben müssen.

In der untersten Bahn haben also nur zwei Elektronen Platz, eines mit der Quantenzahl + (plus) und eines mit der Quantenzahl – (minus).

Mit diesem Prinzip konnte man schon viel besser das periodische System der Elemente beschreiben, die ganze Chemie wurde damit „verständlich". Man „wußte" nun, warum die Alkalimetalle einwertig sind, warum die Edelgase keine chemischen Verbindungen eingehen, ja man konnte sogar erklären, warum gerade Eisen, Kobalt und Nickel magnetisch sein können.

Vielleicht klingt das alles verwirrend, vor allem fragt man sich, warum die klassischen Bilder hier wieder zur Geltung kommen sollen. Die Bilder sollen aber nur helfen zu zeigen, wie die Beschreibung mit Quantenzahlen entstanden ist. Wir dürfen sie als Gedächtnisstütze verwenden, zur Erinnerung daran, was die Quantenzahlen bedeuten. Wir dürfen aber nichts aus den Bildern folgern, zumindest muß man sehr vorsichtig sein. Sonst würde man schnell auf unverständliche

Schwierigkeiten stoßen. Bahnen, Kreisel und ähnliche Dinge sind also nur korrespondierende klassische Begriffe zu den quantenmechanischen Größen, mit denen die Natur im Mikrokosmos zu beschreiben ist.

Die vorhin erwähnte Schwierigkeit mit der Schrödinger-Gleichung, die nicht mit der Relativitätstheorie in Einklang zu bringen war, beschäftigte etliche theoretische Physiker.
Pauli, Dirac, Gordon u.a. suchten nach Gleichungen, d.h. Beschreibungen, die verschiedene Forderungen erfüllen mußten.
Pauli stellte eine Gleichung auf, die eine Erweiterung der Schrödinger-Gleichung darstellte. Wir hatten schon den Spin des Elektrons kennengelernt und dessen Eigenart, sich in einem äußeren Magnetfeld auf nur zwei Arten auszurichten. Diese Eigenart war in der ursprünglichen Schrödinger-Gleichung noch nicht berücksichtigt worden. Die Pauli-Gleichung aber konnte das mit berücksichtigen. Doch auch die Pauli-Gleichung war noch nicht lorentzinvariant, d.h. die Anhänger der Relativitätstheorie erhoben Einspruch gegen die Pauli-Gleichung. Es mußte weiter gesucht werden.
Gordon und Dirac stellten dann eine Gleichung auf, die offensichtlich allen Ansprüchen genügte. Die Schrödinger-Anhänger waren zufrieden, weil alles, was sie mit der Schrödinger-Gleichung beschreiben konnten, auch mit der Dirac-Gleichung (eigentlich hat Gordon sie zuerst gefunden) beschrieben werden konnte. Die Pauli-

Anhänger waren zufrieden, weil auch der Elektronenspin berücksichtigt worden war, und die Relativisten waren zufrieden, weil die Dirac-Gleichung auch noch lorentzinvariant war. Das war wie im Parlament, man hatte endlich ein Gesetz gefunden, mit dem alle Partein zufrieden waren.

Dann entdeckte man etwas sehr Merkwürdiges in der Dirac-Gleichung. Es zeigte sich, daß, wenn man die Energie eines Teilchens ausrechnete, die Energie auch negativ sein konnte. Das war natürlich grober Unfug. Negative Energie gibt es in der Physik nicht, zumindest in der klassischen Physik nicht.

Das ist so, als wenn ich ein Grundstück von 200 m^2 Größe hätte. Dann sind die Seitenlängen dieses Grundstückes 10 m und 20 m. Darauf kann ich gut ein Haus bauen. Aber auch ein Grundstück mit minus 10 m und minus 20 m Seitenlänge ist ein Grundstück mit 200 m^2 Größe. Nur, ein Grundstück mit negativen Seitenlängen habe ich noch nie gesehen.

Natürlich könnte man sagen, gut, die negativen Energien ignorieren wir einfach; es sollen halt nur die positiven Lösungen der Gleichung für die Energien gelten. Aber eine Theorie, die mehr beschreibt, als die Natur erlaubt, ist unschön. Man muß dann immer dazu sagen, wann sie nun gilt und wann sie nicht gilt - und auch noch erklären, warum sie dann nicht gilt.

Trotzdem setzte sich Dirac darüber hinweg und behauptete, auch die negativen Energien kämen in der Natur vor. Er stellte sich das Nichts wie einen riesigen See vor, vollgefüllt mit Elektronen, die alle negative Energien haben (Abb.4.1).

Dieser mit Elektronen vollgefüllte See tritt normalerweise nicht in Erscheinung. Aber es kann passieren, daß ein Elektron aus diesem See aus einem elektromagnetischen Strahlungsfeld Energie aufnimmt und damit in die Welt der positiven Energien gelangt. Es erscheint plötzlich ein Elektron.

Und im See bleibt eine Lücke. Dort, wo das Elektron herkommt, entsteht ein Loch. Weil die Umgebung in der Tiefe des Sees aus lauter geladenen Elektronen besteht, erscheint dieses Loch mit der entgegengesetzten Ladung.

Nun hat man viel früher ungeschickterweise die Ladung des Elektrons als negativ bezeichnet. Man hat das beibehalten, weil es im Grunde genommen gleichgültig ist, mit welchem Vorzeichen wir die Ladung belegen. Das Elektron wurde nun mal mit negativer Ladung getauft. Wollte man das ändern, gäbe es nur ein großes Durcheinander - ohne Vorteil. So, wie wenn man plötzlich auf die Idee käme, den weiblichen Teil der Menschheit mit Mann zu bezeichnen und den männlichen Teil mit Frau. Man stelle sich das Durcheinander vor mit Herr Mutter und Frau Vater.

Deshalb soll man es lieber dabei belassen, das Elektron hat nun mal eine negative Ladung - per definitionem.

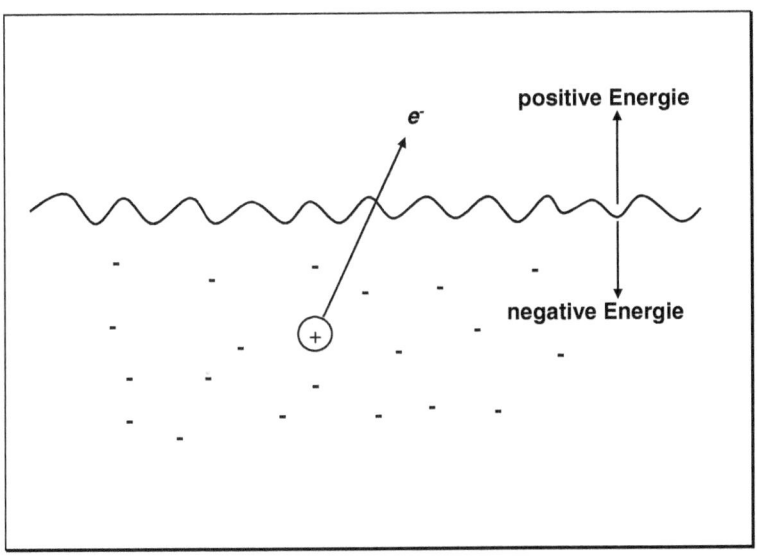

Abb.4.1. Dirac's Elektronensee.
Dirac stellte sich das Nichts vor als einen See aus Elektronen mit negativer Energie, den wir nicht wahrnehmen können.
Gelangt jedoch ein Elektron aus diesem See durch Energieaufnahme in die Welt der positiven Energie darüber, erscheint neben diesem Elektron auch ein Positron – das ist das übriggebliebene positive Loch im Elektronensee.

Aber das Loch, das das Elektron im See hinterläßt, hat dadurch eine positive Ladung. Das Loch erscheint wie ein Teilchen mit positiver Ladung. Das wurde dann auch als Positron bezeichnet. Und man nannte es auch das Antiteilchen zum Elektron.

Bis jetzt war es nur theoretisch da, nur um die negative Energie in der Dirac-Gleichung zu erklären.

Wenn die Theoretiker etwas vorhersagen, machen sich die Experimentalphysiker sofort auf die Jagd, um entweder das zu finden, was die Theoretiker behaupten, oder, was sie viel lieber tun, zu beweisen, daß es Unsinn ist. Sie tun das im allgemeinen nicht, um die Theoretiker zu ärgern, sondern um die Theorie zu prüfen. Je eingehender eine Theorie auf Fehler geprüft worden ist, um so stärker geht sie aus der Prüfung hervor - wenn sie nicht widerlegt wird. Natürlich ist auch das Motiv Ehrgeiz dabei - Physiker sind auch nur Menschen. Und berühmt werden möchten die meisten.

Und die Experimentatoren fanden auch das Positron. Aus einem elektromagnetischen Feld konnten plötzlich ein Elektron und ein Positron entstehen. Das Elektron aus dem See mit negativer Energie hatte die entsprechende Energiemenge aus dem elektromagnetischen Feld eingefangen, die es braucht, um den Sprung in die reale Welt mit positiver Energie zu vollführen. Gleichzeitig war das Positron - das zurückgebliebene Loch im See - entstanden, das Elektron mit der negativen Ladung und das Positron mit der positiven Ladung.

Das Positron hatte auch dieselbe Masse wie das Elektron - bestand aber nicht aus gewöhnlicher Materie sondern aus Antimaterie, es war ja das Antiteilchen zum Elektron. Es hatte auch einen Spin, genauso groß wie der des Elektrons und ein entsprechendes magnetisches Moment, war also auch wie eine kleine rotierende Kugel aus Antimaterie. Das Elektron hatte eine echte Zwillingsschwester bekommen.

Was nun Materie und was Antimaterie ist, ist auch reine Definitionssache. Wir hätten ja genauso gut unsere Materie Antimaterie nennen könne. Aber das hätten schon die griechischen Philosophen machen müssen, und wir hätten halt drei Jahrtausende auf die Entdeckung der Materie warten müssen. Das ist ungefähr so, als würde man alle Männer Antifrauen nennen oder auch umgekehrt alle Frauen Antimänner.

Noch mehr aus der Theorie wurde bestätigt. Die absorbierte Energie E aus dem Strahlungsfeld stimmt genau mit der vorhin erwähnten Einsteinschen Gleichung überein mit m als gemeinsamer Masse der beiden Partikel.

Auch der umgekehrte Vorgang erwies sich als möglich. Das Elektron, entweder das gerade geschaffene oder ein anderes, konnte in das Loch im See hineinfallen. Dann verschwanden sowohl das Elektron als auch das Loch, das Positron, und die frei werdende Energie erschien als elektromagnetische Strahlung, als γ-Strahlung, als Photon.

Das ist der sogenannte Elektronen-Positronen-Vernichtungsprozeß -

zum Unterschied vom Erzeugungsprozeß. Energie und Materie sind also hier wieder ineinander umwandelbar.

In der klassischen Physik gibt es das Gesetz von der Erhaltung der Masse: Masse kann nicht vernichtet oder erzeugt werden, sie bleibt stets erhalten. Genauso gibt es das Gesetz von der Erhaltung der Energie: Energie kann nicht vernichtet oder erzeugt werden, sie bleibt stets erhalten. In der modernen Physik müssen wir diese beiden Gesetze zu einem Gesetz vereinen. Masse plus Energie bleibt erhalten. Untereinander können sie sich umwandeln.

Das Positron ist genauso renitent wie das Elektron gegenüber Erklärungsversuchen. Die kleine rotierende positive Ladung führt genauso zu demselben Unsinn wie beim Elektron. Aber die beiden - Elektron und Positron - gehören zusammen. Jedesmal, wenn man versucht, das Elektron zu fangen, tritt auch das Positron auf - und damit automatisch das Photon; d.h. bei der Aufstellung einer Theorie, muß irgendwie das Trio Elektron, Positron und Photon als Einheit auftreten - wie, ist noch schleierhaft.

Inzwischen hat sich experimentell gezeigt, das es nicht nur zum Elektron das Antiteilchen, das Positron gibt, sondern daß es zu jedem der vielen Elementarteilchen, die man im Laufe der Zeit gefunden hat, jeweils ein Antiteilchen gibt. Die Antiteilchen haben jedoch keine lange Lebensdauer, denn überall gibt es Materie, und wenn Antimaterie mit Materie in Berührung kommt, zerstrahlen sie beide. Es entsteht reine Energie in Form von elektromagnetischer Strahlung - so wie beim Elektron und Positron.

Das ganze Universum besteht aus Materie, zumindest können sich nirgendwo größere Ansammlungen von Antimaterie befinden, denn an den Berührungsstellen mit der Materie müßten wir dann die überaus energiereiche Vernichtungsstrahlung sehen können. Die Astronomen haben aber nichts dergleichen gefunden.

Wahrscheinlich ist bei der Erschaffung des Universums im Urknall etwa gleich viel Materie und Antimaterie entstanden. Beide haben sich in den ersten Sekunden nach dem Urknall in einem riesigen Blitz gegenseitig vernichtet. Was wir heute an Materie im Universum vorfinden, ist das, was nach dieser Vernichtung übriggeblieben ist, also ein winziger Überschuß an Materie. Die Überreste dieses gewaltigen Blitzes hat man auch registriert, jetzt nach 10 - 15 Milliarden Jahren, als sogenannte Hintergrundstrahlung, die inzwischen auf fast den absoluten Nullpunkt abgekühlt ist. Das nur nebenbei, um zu zeigen, wie die Physik des Mikrokosmos auch im Makrokosmos der Astronomie eine Rolle spielt.

Die Antimaterie unterliegt genau wie die Materie der Gravitationskraft, d.h. ein Stein aus Antimaterie würde genauso wie ein normaler Stein zur Erde fallen - falls er nicht vorher in der Atmosphäre, die ja auch aus Materie besteht, zerstrahlen würde. Ein Stück Würfelzucker aus Antimaterie würde unter Entwicklung der vorhin berechneten Energie in einem Bruchteil einer Sekunde zerstrahlen - sogar mit der doppelten Energiemenge, weil ja nicht nur der Antiwürfelzucker sondern auch die entsprechende Menge normaler Materie zerstrahlen würde - also in einem unvorstellbaren Blitz. Ein Stück Antiwürfelzucker in den Kaffe geworfen, gäbe also eine größere Überraschung.

Was ansonsten Antimaterie „wirklich" ist, wissen wir nicht - genauso wenig wie wir wissen, was Materie „wirklich" ist.

Sogar das Photon, dieses eigenartige Teilchen, das plötzlich aus dem elektromagnetischen Wellenfeld auftauchte, hat ein Antiteilchen. Das ist auch ein Photon. Das Photon hat keine Masse, keine Materie. Das Antiphoton hat entsprechend keine Antimasse. D.h. Photon und Antiphoton sind nicht voneinander zu unterscheiden. Beide sind Photonen. Oder man kann auch sagen, das Photon ist sein eigenes Antiteilchen. Wenn sie zusammenstoßen, passiert nichts, sie sind ja schon reine Energie.

Noch eine Eigentümlichkeit zeigt das Photon. Es bewegt sich mit Lichtgeschwindigkeit, es muß ja immer dort sein, wo das Licht hinfliegt. Daher geht die Uhr des Photons nach der Relativitätstheorie unendlich langsam, sie steht. Das bedeutet aber auch, das Photon bleibt gewissermaßen ewig jung. Die Photonen, die im Universum seit Milliarden von Jahren unterwegs sind, sind noch so jung wie am Schöpfungstag. Alte Photonen gibt es nicht. Auch die Hintergrundstrahlung - der Blitz, der am Anfang der Schöpfung entstand - ist nicht älter geworden. Was sich dahinter physikalisch verbirgt, wird wahrscheinlich ein ewiges Geheimnis bleiben.

Wenn die Photonen von den fernen Sternen bei uns ankommen, erzählen sie uns, „wir sind gerade entstanden."

„Aber wie macht Ihr das?" werden wir fragen, „Ihr seid doch von Sternen und Galaxien gekommen, die Tausende Milliarden von Kilometern entfernt sind. Und Einstein sagt, daß Ihr nicht schneller als 300000 km/sek fliegen könnt; da stimmt was nicht! Nach meiner Rechnung müßtet Ihr vor vielen Millionen Jahren entstanden sein."

Aber die Photonen antworten im Chor: „Nein, wir sind tatsächlich gerade erst entstanden. Wir sind nur Bruchteile von Sekunden unterwegs. Für uns ist das Universum winzig klein. Wir sind gewissermaßen überall gleichzeitig."

Um das zu verstehen, müssen wir uns wieder an den Straßenrand stellen und schnelle Autos beobachten.

So ein Auto ist normalerweise 4 m lang - von der Stoßstange vorne zur Stoßstange hinten gemessen. Wenn wir aber die Länge des vorüberflitzenden Autos messen, stellen wir fest, es ist nur 3,5 m lang - vorausgesetzt, es bewegt sich mit 288000 km/sek d.h. mit fast Lichtgeschwindigkeit. D.h. nicht nur die bewegten Uhren gehen langsamer, auch die Maßstäbe schrumpfen.

Jetzt erkennen wir auch den großen Unterschied zwischen der alten Galilei-Transformation und der neuen Lorentz-Transformation.

In der Galilei-Transformation gibt es einen Raum mit den drei Dimensionen - Länge, Breite und Höhe. Und es gibt die Zeit - wie eine universelle Uhr, die unabhängig davon abläuft, wie wir uns im Raum bewegen. Und das ist auch das, was wir gewohnt sind, wenn wir uns im Straßenverkehr bewegen - wenn wir uns also mit bürgerlichen Geschwindigkeiten bewegen.

Aber wenn wir uns mit sehr hoher Geschwindigkeit bewegen, merken wir, wie Raum und Zeit zu einer vierdimensionalen Einheit verschmolzen sind.

Wie ist das nun zu verstehen. Nun, das ist nicht so schwierig zu verstehen; nur vorstellen kann man sich das nicht, weil sich unser Gehirn in einer dreidimensionalen Welt entwickelt hat. Unsere Urahnen brauchten sich als Jäger und Sammler nicht mit Lichtgeschwindigkeit zu bewegen. Alles ging ja sehr gemächlich von statten - gemessen an unserer Raumfahrt heutzutage. So ein Satellit fliegt immerhin in einer Stunde einmal um den Globus.

In einer dreidimensionalen Welt sind die drei Dimensionen - Länge, Breite und Höhe - auch zu einer Einheit verschmolzen.

Wenn wir einen Würfel auf den Tisch stellen, können wir die Höhe dieses Würfels ohne Probleme messen, indem wir ein Buch darauf legen und den Abstand zwischen dem Buch und der Tischplatte mit einem Lineal messen. Warum so kompliziert? Nun, wir wollen die Höhe messen, also den Abstand zwischen dem tiefsten Punkt des Würfels und dem höchsten - unabhängig davon, wie der Würfel gerade im Raum gedreht ist. Jetzt ist die Höhe zufällig noch gleich der Seitenlänge, die senkrecht steht; das ändert sich aber gleich.

Wenn wir den Würfel auf die Kante kippen, ändert sich die Höhe des Würfels; der Abstand zwischen Buch und Tischplatte wird größer, weil ja das Buch nun auf der oberen Würfelkante liegt. Wir müssen nur immer darauf achten, daß das Buch schön parallel zur Tischoberfläche liegt.

Wir stellen dann fest, daß die Höhe des Würfels zum Teil aus der ursprünglichen Höhe - vor dem Kippen - besteht und aus der Breite des Würfels (wenn wir den Würfel auf die Kante kippen, die wir als Länge bezeichnet haben). D.h. die Höhe des Würfels - gekippt oder auf dem Tisch stehend - hängt davon ab, wie wir den Würfel kippen oder drehen. Die drei Dimensionen sind eine Einheit, so daß jede einzelne davon aus allen drei zusammengesetzt ist, abhängig davon, wie wir den Würfel drehen.

Im vierdimensionalen Raum geschieht das Drehen durch Änderung der Geschwindigkeit. Der vierdimensionale Raum des vorüberfahrenden Autos - Länge, Breite, Höhe und Zeit - ist gegenüber unserem vierdimensionalen Raum gekippt. In die Zeit, die wir für das Auto messen, geht nicht nur unsere Zeit ein, sondern auch unsere Raumkoordinaten gehen ein. Raumkoordinaten ist nur ein vornehmer Ausdruck für Länge, Breite und Höhe. Man verwendet gern solche klugen Wörter, weil sie kürzer sind - man muß nicht so viel schreiben - und man zeigt damit auch, wie klug man ist.

So eine vierdimensionale Welt kann man sich schwer vorstellen - muß man auch nicht unbedingt; man kann das Ganze auch einfach als einen mathematischen Trick sehen, mit dem wir die physikalischen Zusammenhänge beschreiben.

Wir können aber der Vorstellung helfen, wenn wir ein oder zwei Dimensionen hinabsteigen. Stellen wir uns zwei Lineale vor, die auf dem Tisch liegen - nicht schön parallel sondern gerade so, wie man sie auf den Tisch werfen würde - wie Mikadostäbe.

Das sind zwei eindimensionale Welten, sie kennen nur eine Dimension, die Länge. Auf jedem Lineal sitzt eine eindimensionale Fliege, also eine, die auch nur die Länge kennt, und deshalb nur auf dem Lineal hin und her krabbeln kann. Nun fangen die beiden Fliegen an, sich zu unterhalten, und zwar über die Länge der Zentimeterabschnitte auf den Linealen (Abb.4.2).

Die eine Fliege behauptet: „Deine Zentimeter sind kürzer als meine, das kann ich deutlich erkennen, wenn ich Deine Zentimeterabschnitte auf meine projiziere."

Aber die andere Fliege antwortet: „Ich sehe aber mit demselben Verfahren, daß Deine Zentimeter kürzer sind als meine."

Beide haben recht. Sie können aber nicht erkennen, woran das liegt, weil sie nur an den Linealen entlang laufen können. Wir können aber aus unserer dreidimensionalen Welt - wir sehen ja beide Lineale von oben - sofort erkennen, daß tatsächlich beide recht haben und daß ihre widersprüchlichen Aussagen nur zustandekommen, weil sie beide schief auf das jeweilig andere Lineal schauen. Die beiden Lineale sind ja nicht parallel sondern gegeneinander verdreht.

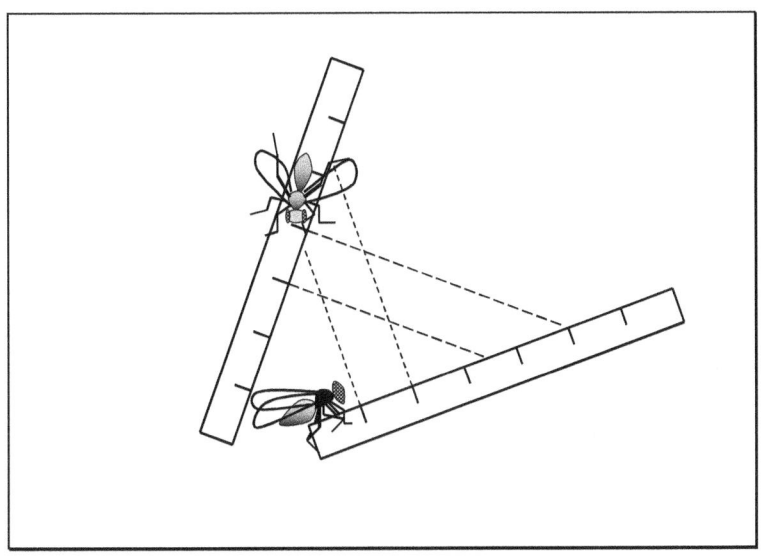

Abb.4.2. Schrumpfen von Maßstäben.
Jede der beiden Fliegen sieht das andere Lineal unter einem Winkel, der kleiner ist als 90°. Daher sehen sie beide das jeweils andere Lineal verkürzt; die Zentimeterabschnitte auf dem anderen Lineal erscheinen kürzer.

So einfach ist das, wenn man dreidimensional schauen kann. Und so einfach wäre die Relativitätstheorie, wenn wir vierdimensional schauen könnten.

Wenn die Photonen sich mit Lichtgeschwindigkeit bewegen, schrumpft ihr Universum für uns zu einem Punkt, ihre Uhr bleibt für uns stehen. Sie bleiben ewig jung und können überall gleichzeitig sein.

Vielleicht liegt hier irgendwo der Schlüssel zum Verständnis des Kollapses der Wellenfunktion.

Da wir gerade dabei sind, wollen wir uns auch eine dritte Eigenart der Relativitätstheorie anschauen.

Wenn wir das schnelle Auto über eine Waage fahren lassen, stellen wir fest, daß das Auto auch noch schwerer geworden ist, nicht nur kürzer. Je schneller das Auto fährt, um so schwerer wird es. Der alte Satz von der Erhaltung der Masse muß also auch revidiert werden; auch die Masse ist abhängig von der Geschwindigkeit.

Deshalb müssen wir auch unterscheiden zwischen der Masse und der sogenannten Ruhemasse; das ist die Masse des Autos, die wir bei der Geschwindigkeit Null messen, bzw. die Masse, die der Autofahrer mißt, der sich mit derselben Geschwindigkeit bewegt wie das Auto. Für ihn ist ja die Geschwindigkeit Null.

Wenn die Geschwindigkeit in die Nähe der Lichtgeschwindigkeit kommt, wird die Masse sehr groß. Bei Lichtgeschwindigkeit ist sie unendlich groß geworden. Das ist auch der Grund, weshalb die Lichtgeschwindigkeit für gewöhnliche Körper die größtmögliche Geschwindigkeit ist, ja, sie kann auch nicht vollständig erreicht werden, denn je näher der Körper an die Lichtgeschwindigkeit kommt, um so schwerer wird er, und um so größer wird die Kraft, die wir aufbringen müssen, um ihn weiter zu beschleunigen, d.h. um die Geschwindigkeit zu erhöhen. Mit noch so großen Raketenantrieben können wir uns der Lichtgeschwindigkeit nur nähern, sie aber nie erreichen.

Nur die Photonen fliegen mit Lichtgeschwindigkeit. Die frühere Behauptung, das Photon hätte keine Masse, bezieht sich genauer auf seine Ruhemasse; es hat keine Ruhemasse. Deshalb kann es mit Lichtgeschwindigkeit auch eine Masse haben, die größer als Null ist aber nicht unendlich groß, und es kann wie eine Billardkugel Elektronen anstoßen; ganz ohne Masse oder Impuls wäre auch das nicht möglich. Diesen Impuls der Photonen müssen wir uns für später merken.

Aber was zeigt nun die Waage mit dem schnellen Auto an? Das müssen wir uns doch etwas genauer anschauen. Wenn es gar eine Digitalwaage ist, muß sie ja eine bestimmte Zahl, ein bestimmtes Gewicht anzeigen.

Wir am Straßenrand behaupten, die Waage muß das Gewicht des durch die Geschwindigkeit schwerer gewordenen Autos anzeigen. Wenn sich das Auto mit 260000 km/sek bewegt, ist es immerhin doppelt so schwer geworden.

Der Autofahrer behauptet zu recht, die Waage zeige nur das Gewicht der Ruhemasse seines Autos an. Haben wir hier nun einen Widerspruch?

Dieser Widerspruch - wir werden gleich sehen, es ist nur scheinbar ein Widerspruch - ist ein Beispiel für viele ähnliche Widersprüche, auf die man mit solchen Gedankenexperimenten gestoßen ist. Ein Gedankenexperiment ist ein Experiment, das man nur in Gedanken ausführen kann. Kein Auto fährt mit 87% der Lichtgeschwindigkeit. Das deutsche Wort „Gedankenexperiment" ist nebenbei so berühmt geworden, daß es auch in die englische Sprache aufgenommen worden ist. Mit solchen Gedankenexperimenten versuchen Physiker, die unterschiedlicher Meinung sind, Widersprüche aufzudecken, um so die Theorie des Gegners ad absurdum zu führen. Die Diskussion um solche Gedankenexperimente gibt oft einen tiefen Einblick in die Natur der physikalischen Probleme. Wir werden später ein anderes berühmtes Gedankenexperiment und ein damit verbundenes Paradoxon kennen lernen.

Zunächst aber zu unserem kleinen Paradoxon. Was zeigt die Waage nun an? Ist der hier aufgezeigte Widerspruch so ernst, daß damit die Relativitätstheorie ad absurdum geführt ist? Um das aufzuklären, müssen wir uns genauer anschauen, was die Waage wirklich anzeigt. Die Waage registriert das Gewicht des Autos. Das ist aber die Anziehungskraft zwischen dem Auto und der Erde.

Für uns am Straßenrand ist das Auto doppelt so schwer geworden, so daß auch die Anziehungskraft zwischen Auto und Erde doppelt so groß geworden ist. Deshalb zeigt die Waage auch diese doppelt so große Kraft an, d.h. die Waage zeigt die relativistisch vergrößerte Masse des Autos an.

Für den Autofahrer zeigt die Waage jedoch die Ruhemasse des Autos an, die ja nur halb so groß ist. Aber die Erde bewegt sich ja unter seinen Rädern mit 260000 km/sek. Das bedeutet, die Erde selbst hat für den Autofahrer die doppelte Masse erhalten. Damit ist auch die Anziehungskraft zwischen dem Auto mit der Ruhemasse und der Erde mit der doppelten Masse doppelt so groß geworden - und die Waage zeigt dies auch an.

Die Waage zeigt also in beiden Fällen dasselbe an, nämlich die doppelte Kraft - für uns, weil das Auto die doppelte Masse bekommen hat - und für den Autofahrer, weil die ganze Erde die doppelte Masse bekommen hat.

Damit hat sich der Widerspruch aufgeklärt, und die Relativitätstheorie ist wieder gerettet.

Leider noch nicht ganz.

Nehmen wir den viel einfacheren Fall, daß das Auto auf der Waage steht. Dann zeigt die Waage ein bestimmtes Gewicht, 1,5 Tonnen. So viel wiegt eben das Auto. Das ist die Massenanziehungskraft zwischen der Masse der Erde und der Masse des Autos. Nun beobachten wir das ganze von einem Raumschiff aus, das mit 97% der Lichtgeschwindigkeit an der Erde vorbeifliegt. Die Masse der Erde ist dann für uns doppelt so groß. Und die Masse des Autos ist auch doppelt so groß. Das bedeutet aber, daß die Waage das vierfache Gewicht, 6 Tonnen anzeigen müßte. Dieser Wiederspruch läßt sich nicht so leicht wegdiskutieren. Der Beobachter auf der Erde sieht, wie die Waage 1,5 Tonnen anzeigt. Der Beobachter im Raumschiff sieht aber 6 Tonnen, wenn wir die Relativitätstheorie richtig verstanden haben. Was zeigt nun die Waage wirklich an?

Um diesen Wiederspruch aufzuklären, mußte man die Newtonsche Vorstellung über Masse und Schwerkraft aufgeben und ein völlig neues Bild entwickeln, eine neue Vorstellung über die Gravitation. So entstand die allgemeine Relativitätstheorie, im wesentlichen die Gedankenarbeit eines einzelnen Physikers: Albert Einstein.

Schauen wir uns die Relativitätstheorie an, wie wir sie bis hierher kennengelernt haben. Es fällt auf, daß sie sich nur mit gleichförmigen Geschwindigkeiten beschäftigt und daß die Gravitation nicht, oder höchstens am Rande, behandelt wird. Diese Theorie wurde dann auch mit dem Namen „spezielle Relativitätstheorie" versehen, um sie von der Theorie abgrenzen zu können, die sich mit der Gravitation beschäftigt, eben die „allgemeine Relativitätstheorie". In der allgemeinen Relativitätstheorie kommt nun auch die Verschmelzung der Raum- und Zeitkoordinaten voll zum Tragen.

Der Grundgedanke der speziellen Relativitätstheorie liegt in der Idee der Relativität der Geschwindigkeit. Es gibt kein ausgezeichnetes Koordinatensystem, in dem wir eine absolute Geschwindigkeit definieren könnten. Wir können nur Geschwindigkeiten relativ zu anderen Systemen feststellen. Wenn wir in einem geschlossenen Eisenbahnwaggon sitzen, alle Fenster zugezogen, so daß wir keine Verbindung zur Außenwelt haben, dann können wir nicht feststellen, ob der Wagen steht oder sich bewegt – die Rüttelei ist kein Beweis für die Bewegung, auch stehende Eisenbahnwaggons können gerüttelt werden. Es gibt kein Experiment, weder mechanisch (z.B. durch Werfen von Bällen) noch optisch (z.B. durch Messen der Lichtgeschwindigkeit), mit dem wir feststellen könnten, ob wir uns bewegen oder stillstehen. Die Frage selbst ist ja auch wegen der Relativität der Geschwindigkeit sinnlos.

Einen ähnlichen Grundgedanken finden wir in der allgemeinen Relativitätstheorie. Wenn wir uns in einer Raumkapsel auf einer Umlaufbahn um die Erde befinden, d.h. wir fallen frei um die Erde, dann merken wir keine Schwerkraft. Wir befinden uns nicht im schwerelosen Raum, sondern wir fallen frei. Alle Gegenstände in der Raumkapsel fallen mit. Und da sie alle, große und kleine Gegenstände, gleich schnell fallen, spüren wir keine Schwerkraft. Wenn die Fenster der Raumkapsel verschlossen sind, haben wir auch keine Möglichkeit festzustellen, ob wir im Gravitationsfeld der Erde fallen, oder ob wir uns weit ab von jeder Masse befinden, also wirklich im schwerelosen Raum, im leeren Raum zwischen den Sternen.

Das führt uns weiter zur folgenden Überlegung. Wenn wir mit unserer Raumkapsel auf der Erde stehen, dann merken wir sehr wohl die Schwerkraft, die Anziehungskraft der Erde. Dieselbe Kraft spüren wir, wenn wir weit draußen im schwerelosen Raum die Raketen der Raumkapsel zünden und die Kapsel damit beschleunigen. Auch in diesem Fall haben wir, wenn die Fenster der Kapsel verschlossen sind, keine Möglichkeit festzustellen, ob wir auf der Erde unter dem Einfluß der Gravitation stehen, oder ob wir uns draußen im schwerelosen Raum unter dem Einfluß der Beschleunigung durch die Raketen befinden.

Und das führt uns zu dem Gedanken, daß die Gravitation, d.h. die Massenanziehung nichts anderes ist als eine Beschleunigung. Der Fußboden, auf dem wir stehen, bewegt sich mit steigender Geschwindigkeit nach oben mit einer Beschleunigung von knapp 10 m pro Sekunde pro Sekunde - die Geschwindigkeit steigt um 10 m/sek jede Sekunde, d.h. nach der 1. Sekunde ist die Geschwindigkeit 10 m/sek, nach der 2. Sekunde 20 m/sek, nach der 3. Sekunde 30 m/sek u.s.w.

Das klingt verrückt und unmöglich. Das ist natürlich auch in unserem dreidimensionalen Raum nicht möglich. Dann müßte die Erde sich mit entsprechender Beschleunigung aufblähen – und das tut sie sicher nicht. Aber wenn wir uns im vierdimensionalen Raum-Zeit-Kontinuum befinden, können wir den Raum so verbiegen, daß eine Bewegung längs der Zeitachse zu einer Beschleunigung im Raum wird. Auch das klingt verrückt, ist aber gar nicht so unmöglich. Im vierdimensionalen Raum-Zeit-Kontinuum bewegen wir uns immer. Wenn wir ruhig im Sessel sitzen, bewegen wir uns entlang der Zeitachse, von gestern über heute nach morgen – auch wenn wir uns drei Tage nicht vom Fleck rühren.

Damit wird die Gravitation zu einer rein geometrischen Sache. Die Erde, bzw. jede Masse verbiegt den Raum um sich, so daß wir eine Beschleunigung erfahren, auch wenn wir uns nur an der Zeitachse entlang bewegen. Wenn wir uns zusätzlich kräftefrei, d.h. fallend im Raum bewegen, dann bildet unsere Bahn im gekrümmten Raum um die Erde die bekannten Ellipsen, die schon Kepler gesehen hat.

Nun können wir uns wieder dem Auto auf der Waage zuwenden. Die 1,5 Tonnen, die die Waage zeigt, kommen also durch die Bewegung des Autos entlang der Zeitachse und durch die Raumkrümmung, die die Erdmasse verursacht, zustande. Wenn wir die Waage von unserem schnellen Raumschiff aus beobachten, dann rasen sowohl Erde als auch Auto auf der Waage mit 97% der Lichtgeschwindigkeit an uns vorbei. D.h. die Massen sind tatsächlich verdoppelt. Aber aus der speziellen Relativitätstheorie wissen wir, daß auch die Zeit auf der Erde für uns langsamer geht, d.h. das Auto bewegt sich entsprechend langsamer auf der Zeitachse – immer von unserem Raumschiff aus beobachtet. Damit wird auch die Beschleunigung, die als Gravitation erscheint, geringer, und zwar gerade so, daß der Einfluß der Verdoppelung der beiden Massen, der Erdmasse und der Automasse, kompensiert wird, d.h. die Waage zeigt auch für uns in der Raumkapsel auf 1,5 Tonnen.

Um das festzustellen, mußten wir jedoch unser Weltbild von der Schwerkraft, das Newton aufgebaut hatte, völlig umgestalten. Newton stellte sich eine Anziehungskraft zwischen zwei Massen vor, eine Fernwirkung, die durch den leeren Raum wirkt. In Einsteins Weltbild gibt es keine Anziehungskraft, nur den gekrümmten Raum um die Masse und die Bewegung im Raum-Zeit-Kontinuum. Die Schwerkraft wurde zur Geometrie. Natürlich sind die Formeln der Newtonschen Physik nicht falsch, wenn wir mit den Geschwindigkeiten klein gegen die Lichtgeschwindigkeit bleiben. Wenn wir im neuen Weltbild aus der Krümmung des Raumes den gegenseitigen Einfluß von Erde und Mond berechnen und berücksichtigen, daß die Geschwindigkeiten, mit denen wir es zu tun haben, klein sind gegen die Lichtgeschwindigkeit, dann kommen dieselben Formeln heraus, die auch Newton und Kepler entwickelt haben. Nur sind die physikalischen Vorstellungen dahinter völlig verschieden.

5. Tag, Polarisation und EPR.

Aufgepaßt! Jetzt wird der Weg etwas steiniger und steiler. Man hat den Begriff Polarisation eingeführt, um zu beschreiben, daß etwas eine bestimmte Richtung hat - sowohl politisch, als Richtung zwischen zwei extremen Ansichten, als auch physikalisch, als Richtung z.B. zwischen oben und unten - oder auch rechts und links. Hier wollen wir die Polarisation von Schwingungen, Wellen, betrachten.

Ein altbewährtes anschauliches Beispiel ist das Seil, das Kinder zum Seilspringen verwenden. Wir binden das eine Ende des Seils an einem Türgriff fest und versuchen, es mit dem anderen Ende zum Schwingen zu bringen.

Wenn ein Anfänger versucht, ein solches Seil zu schwingen, ist das meistens ein unpolarisiertes Durcheinander. Aber nach einiger Übung gelingt es, mit dem Seil schöne Wellen zu erzeugen, die senkrecht auf und ab schwingen. Jetzt zeigt das Seil eine senkrecht polarisierte Welle.

Schwingen wir das Seil nicht auf und ab sondern hin und her, können wir auch eine waagrecht polarisierte Welle erzeugen.

Damit nun die Enkeltochter in das Seil springen kann, müssen wir das Ende kreisen lassen, so daß der Bauch des Seils eine schöne Kreisbewegung ausführt. Jetzt haben wir eine zirkularpolarisierte Welle erzeugt. Je nachdem wie herum wir das Seil drehen, erzeugen wir eine rechtszirkulare Polarisation oder eine linkszirkulare

Polarisation. Welche rechts- und welche linkszirkular ist, das ist reine Definitionssache. Da orientiert man sich am besten am Korkenzieher, weil der international bekannt ist.

Mit allem, was schwingt, können wir Polarisation erzeugen, auch mit elektromagnetischen Wellen. In einer vertikal polarisierten elektromagnetischen Welle schwingt das elektrische Feld auf und ab, so daß die elektrische Kraft mal nach oben, dann wieder nach unten zieht, d.h. ein Elektron, das dieser vertikal polarisierten elektromagnetischen Welle ausgesetzt ist, wird ordentlich geschüttelt, nach oben und unten gezogen.

Unter Umständen wird es in seiner Bahn um den Atomkern so stark geschüttelt, daß es auf der nächst höheren Bahn landet - und dort bleibt. Das schwingende elektromagnetische Feld verschwindet, das Elektron hat die ganze Energie aufgenommen - absorbiert - so wie die Schwingung des Seils zusammenbricht, wenn die Türklinke abreißt. In diesem Fall hat die Türklinke die ganze Energie des schwingenden Seils aufgenommen. Sie landet wahrscheinlich auch auf einem höheren Niveau - auf dem Schrank oder im Lampenschirm.

Wenn wir dies das nächste Mal - nachdem wir die Türklinke wieder repariert haben - mit einer Zirkularpolarisation ausprobieren, dann reißt die Klinke wieder ab und macht eine gewaltige Kreisbewegung. Wir haben der Türklinke einen Drehimpuls gegeben. D.h. die zirkularpolarisierte Welle hat einen Drehimpuls, den sie auf den Körper übertragen kann, der unter ihren Einfluß gerät.

Die Photonen, die Teilchen, die die elektromagnetische Welle verkörpern, haben die Eigenschaften dieser Welle, sind also auch mit Polarisation bzw. Zirkularpolarisation und Drehimpuls ausgestattet, wenn die Welle diese Eigenschaften hat.

Jetzt wollen wir uns mal genauer anschauen, was passiert, wenn ein Elektron und ein Positron aufeinandertreffen und im Endergebnis zerstrahlen.

Das Positron hat ein magnetisches Feld - wir kennen das schon vom Elektron - das eine bestimmte Richtung definiert. Das Elektron sieht diese Richtung und richtet sein magnetisches Moment danach aus, und damit automatisch auch seinen Spin. Wie wir früher gesehen haben, entweder „up" oder „down".

Genauso richtet das Positron seinen Spin nach dem Spin des Elektrons aus. D.h. wir haben kurz vor der Vernichtung ein Gebilde aus einem Elektron und einem Positron, in dem entweder beide Spins antiparallel oder parallel sind. Dieses Gebilde hat sogar einen Namen bekommen, es nennt sich Positronium, obwohl es nur eine Lebensdauer von einer zehnmilliardstel Sekunde hat, bevor es zerstrahlt.

Nun können wir auch etwas über die elektromagnetische Welle, die bei der Vernichtung dieses Positroniums entsteht, aussagen.

Zunächst können wir unsere Versuchseinrichtung immer so einrichten, daß der gemeinsame Schwerpunkt der beiden Teilchen, Positron und Elektron, sich nicht bewegt - ruht, sagt man auch - d.h. daß der gesamte Impuls Null ist. So, wie zwei Billardkugeln, die mit gleich großer aber entgegengesetzter Geschwindigkeit aufeinanderprallen. Jede einzelne Kugel hat einen Impuls - wir erinnern uns, das ist Masse mal Geschwindigkeit - aber sie sind entgegengesetzt, die Summe ist Null. Das sieht man auch daran, daß, wenn sie nicht aufeinanderprallen, sondern gleichzeitig von jeder Seite auf eine dritte Kugel stoßen, dann diese dritte Kugel liegen bleibt, sie im Endeffekt keinen Impuls bekommt.

Nun hat aber die elektromagnetische Welle oder das Photon, das da entsteht, einen Impuls; und den kann es nur bekommen, wenn gleichzeitig ein zweites Photon mit dem entgegengesetzten Impuls entsteht. Bei der Vernichtung des Positroniums müssen also zwei Photonen entstehen, die in entgegengesetzte Richtungen auseinanderfliegen.

Bevor wir mit der Vernichtung des Positroniums weitermachen, wollen wir uns mit etwas leichterer Materie aus der klassischen Physik beschäftigen - gewissermaßen als Erholung, und weil wir es auch fürs Verständnis brauchen.

Jeder Körper hat einen Schwerpunkt. Das ist der Punkt, in dem man die ganze Masse des Körpers konzentrieren könnte, ohne daß der Körper seine Bahn durchs Weltall ändern würde - wenn es ein Planet wäre, oder durch die Küche, wenn es eine Tasse wäre. Wenn man die ganze Masse des Körpers in seinem Schwerpunkt konzentrieren würde, würde sich dieser Punkt im Schwerefeld der Erde genauso benehmen wie der ganze Körper. Die Erdanziehung sieht gewissermaßen nicht, ob es sich um einen ausgedehnten Körper handelt - eine Kaffeetasse z.B. - oder ob es sich nur um den Schwerpunkt der Kaffeetasse handelt. Das ist damit gemeint, wenn man sagt, die Anziehungskraft der Erde greift im Schwerpunkt der Tasse an. Oder anders ausgedrückt, der Schwerpunkt der Erde zieht den Schwerpunkt der Tasse an.

Auch mehrere Kaffeetassen haben einen gemeinsamen Schwerpunkt - genauso wie der gemeinsame Schwerpunkt aller Einzelatome der Kaffeetasse zugleich der Schwerpunkt der Kaffeetasse ist. Den gemeinsamen Schwerpunkt zweier Kaffeetassen können wir finden, indem wir die beiden Tassen mit einer dünnen Stange verbinden und auf der Stange mit dem Finger den Punkt ausfindig machen, in dem sich die beiden Tassen gerade die Balance halten. Wenn die Tassen gleich schwer sind, wird der gemeinsame Schwerpunkt in der Mitte zwischen ihnen liegen.

Wenn die Kellnerin mit dem Tablett voller Biergläser zwischen den Stühlen und Tischen balanciert, hält sie das Tablett mit der Hand genau unter dem gemeinsamen Schwerpunkt der Biergläser - sie trägt den gemeinsamen Schwerpunkt. Wenn dann ein Gast, um ihr zu helfen, selbst ein Glas vom Tablett nimmt, dann verschiebt sich sofort der Schwerpunkt der restlichen Gläser auf dem Tablett - die Hand der Kellnerin befindet sich nun nicht mehr unter dem gemeinsamen Schwerpunkt. Was dann passiert, kann man auch ohne viel Physikkenntnisse vorhersagen.

Wenn eine Granate losgeschossen wird, ist ihre Bahn die bekannte Wurfparabel, die durch das Zusammenspiel der Geschwindigkeit, die sie durch den Abschuß erhält, und der Geschwindigkeit, die sie durch die Erdanziehung erhält, entsteht. Das kennen wir alle vom Steinewerfen.

Wenn die Granate unterwegs explodiert, dann fliegen die einzelnen Splitter auseinander. Aber der gemeinsame Schwerpunkt dieser Splitter ist der ehemalige Schwerpunkt der Granate. Dieser Schwerpunkt bewegt sich weiter auf der Bahn der Wurfparabel, als wäre nichts geschehen, und die vielen Splitter landen verstreut so, daß ihr gemeinsamer Schwerpunkt genau dort landet, wo die Granate gelandet wäre, wenn sie nicht explodiert wäre.

Genauso fliegen die beiden Photonen, die bei der Vernichtung des Positroniums entstehen, auseinander, nämlich so, daß ihr gemeinsamer Schwerpunkt dort bleibt, wo sich das Positronium befand - falls es sich nicht bewegt hat. Wenn sich das Positronium vor der Vernichtung bewegte, dann bewegt sich der gemeinsame Schwerpunkt der beiden Photonen nach der Vernichtung so weiter, wie sich das Positronium bewegt hätte - wie bei der explodierenden Granate.

Die ganze Sache wird zusammengefaßt im sogenannten Impulserhaltungssatz. Wenn wir die Impulse der beteiligten Billardkugeln vor dem Stoß und nach dem Stoß zusammenzählen, kommt dasselbe heraus. Der Gesamtimpuls ändert sich nicht, er bleibt erhalten.

Wir müssen allerdings beim Addieren der einzelnen Impulse die Richtungen der Geschwindigkeiten mit berücksichtigen. Wie das gemacht wird, ist Sache derjenigen, die sich mit der Vektormathematik auskennen.

Ein ähnlicher Erhaltungssatz gilt auch für den Drehimpuls. Auch hier können wir die einzelnen Drehimpulse zusammenfassen zu einem Gesamtdrehimpuls, für den dann der Erhaltungssatz gilt. Bei der Türklinke haben wir schon erlebt, wie der Drehimpuls des Springseils sich plötzlich auf die Klinke übertragen kann.

Wir haben hierbei jedoch nur das Positronium betrachtet, in dem die beiden Spins antiparallel stehen, d.h. sich gegenseitig aufheben, so daß der Gesamtspin des Positroniums Null ist. Dabei wollen wir auch bleiben.

In der elektromagnetischen Welle stehen die schwingenden elektrischen Kräfte immer senkrecht auf der Achse der Fortpflanzungsrichtung, d.h. der Flugrichtung der Photonen, so wie die Richtung der Schwingung des Springseils senkrecht zur Verbindungslinie zwischen der Hand und der Türklinke steht - auch wenn das Seil rotiert.

Die beiden diametral auseinanderfliegenden Photonen, γ-Quanten, können auch noch einen Drehimpuls, einen Spin, haben, d.h. die Richtung der elektrischen Kraft in der zugehörigen elektromagnetischen Welle rotiert um die Achse der Flugrichtung. Sie müssen nicht unbedingt einen Spin haben, aber wenn sie einen haben, können wir auch sofort sagen, die beiden Photonen müssen entweder beide rechtszirkularpolarisiert oder beide linkszirkularpolarisiert sein, denn die Summe der beiden Spins muß ja Null ergeben, so wie der Gesamtspin des Positroniums vor der Vernichtung auch Null war - wir erinnern uns, wir bleiben beim Positronium, in dem die beiden Spins antiparallel waren, sich also gegenseitig aufhoben, so daß die Summe Null ergab. Nach dem Drehimpulserhaltungssatz muß also der Gesamtspin der beiden Photonen auch Null sein. Da sie diametral auseinanderfliegen, geht das nur, wenn sie beide entweder rechtszirkularpolarisiert oder beide linkszirkularpolarisiert sind. Wenn man mit einem Korkenzieher einmal in eine Richtung zeigt und dann in die entgegengesetzte Richtung, sieht man sofort, daß die beiden Drehrichtungen sich gegenseitig aufheben.

Jetzt nähern wir uns schon dem berühmten Gedankenexperiment, das vorhin bereits angedeutet wurde.

Die drei Physiker Einstein, Podalsky und Rosen haben über folgende Anordnung diskutiert: Irgendwo zerstrahlt ein Positronium und sendet diametral zwei Photonen aus. Die Photonen werden in Apparaturen aufgefangen, die registrieren, wie sie polarisiert sind.

Nun muß man auch einiges über die Beweggründe dieser drei Herren für das Ersinnen dieses Gedankenexperimentes wissen.

Einstein bekam den Nobelpreis für Physik aufgrund seiner Überlegungen zu den Stoßversuchen mit Elektronen und Photonen -

nicht für seine Relativitätstheorie. Diese Überlegungen, die zeigten, daß das Licht doch aus Teilchen besteht, eben Photonen, waren bahnbrechend für die Entwicklung der Quantentheorie. Trotzdem hat Einstein sich mit dieser Theorie nie anfreunden können. Er versuchte immer wieder zu beweisen, daß die Quantentheorie unsinnig sei.

Wir haben schon vorhin gesehen, daß ein ganz wesentliches Merkmal der Quantentheorie die Unsicherheit in der Voraussage von Ereignissen ist. Wir können immer nur mit einer gewissen Wahrscheinlichkeit voraussagen, was geschehen wird und wann es geschehen wird. Bei den Interferenzexperimenten mit Elektronen haben wir festgestellt, daß wir für einen bestimmten Punkt auf dem Schirm hinter dem Spalt die Wahrscheinlichkeit berechnen können, daß das Elektron dort auftreffen wird. Wir können aber nicht mit Sicherheit sagen, ob es auftrifft oder nicht. Diese Unsicherheit, die in der Unschärferelation ihren Ausdruck findet, zieht sich durch die ganze Quantentheorie.

Nun wird man sich fragen, ob denn die Physiker es aufgegeben haben, exakte Antworten auf Fragen zu geben. Die Antwort lautet tatsächlich: Ja. Es ist nicht möglich, eine exakte Antwort zu geben.

Und zwar nicht deshalb, weil wir nicht genügend über die Physik wissen, sondern weil es prinzipiell nicht möglich ist - die Natur selbst kennt die exakten Antworten nicht.

Der radioaktive Zerfall von Atomen ist hierfür ein schönes Beispiel; deshalb wollen wir uns einmal damit beschäftigen.

Unser Spaziergang ist ein mehr oder weniger zufälliges Streunen durch die Landschaft der Physik. Natürlich könnte man die Landschaft sehr viel systematischer erkunden. Das wäre sicher zweckmäßiger - wenn man Physik lernen wollte. Dann würde man zunächst mit der notwendigen Mathematik anfangen, um dann die einzelnen Kapitel der Physik logisch nacheinander zu behandeln. Dafür gibt es ausgezeichnete Lehrbücher, die allerdings sehr langweilig sind, wenn man nicht gerade den Ehrgeiz hat, die Physik lernen und verstehen zu wollen. Würde ich auf unserem Spaziergang wie im Lehrbuch vorgehen, wäre ich auf meiner Wanderung sicher schnell alleine unterwegs. Deshalb glaube ich, ist es besser, daß wir uns gemeinsam die spannendsten und schönsten Sachen anschauen ohne den Ehrgeiz, alles verstehen zu wollen. Man kommt ohnedies über kurz oder lang zu der Erkenntnis, daß man nicht alles vollständig verstehen kann; man dringt nur immer tiefer und tiefer in den Urwald, kennt dann diesen oder jenen Pfad, aber was hinter dem dichten Wald liegt, bleibt immer verborgen.

Also, nun zunächst zurück zum radioaktiven Zerfall. Atome können zerfallen, wissen wir inzwischen - obwohl „Atom" aus dem Altgriechischen kommt und soviel wie unteilbar bedeutet - aber wir haben ja schon früher gesehen, daß Namen und Bezeichnungen nicht allzuviel bedeuten. Das ist so, wie wenn wir einen Schmetterling sehen und dann fragen, was für ein Schmetterling das sei. Der kluge

Zoologe sagt uns, das sei ein Zitronenfalter mit dem lateinischen Namen so und so. Dann sagen wir, aha, jetzt wissen wir Bescheid - aber kennen tun wir nur den Namen, sonst nichts, und den Namen haben wir auch abends wieder vergessen.

Also, nochmals zurück zum radioaktiven Zerfall. Radiumatome haben eine sogenannte Halbwertszeit, eine Lebensdauer. Plötzlich zerfällt das Radiumatom, es zerbricht in zwei Teile und ist dann kein Radiumatom mehr - so wie das Positronium von vorhin. Nur daß das Radiumatom sehr viel länger lebt als das Positronium.

Aber wir wissen nicht, wie lange es lebt. Wir wissen nur, wenn wir sehr viele Radiumatome vor uns auf dem Tisch liegen haben, dann ist nach 1600 Jahren sehr genau die Hälfte davon zerfallen. Deshalb ist die Halbwertszeit eben 1600 Jahre. Wenn wir noch mal solange warten, 1600 Jahre, dann ist wieder die Hälfte vom Rest zerfallen.

Das ist ein sehr merkwürdiges Verhalten. Von jedem einzelnen Radiumatom wissen wir nicht, wann es zerfallen wird, es kann in der nächsten Minute zerfallen, es kann aber genauso gut noch hunderttausend Jahre unbeschädigt auf dem Tisch liegen bleiben, während die Nachbaratome nach und nach zerfallen.

Die Atome selbst wissen nicht, wann sie zerfallen, wie lange ihre individuelle Lebensdauer ist. Aber alle zusammen wissen sie, daß nach 1600 Jahren die Hälfte zerfallen sein muß, wie ein kollektives Wissen aller Radiumatome gemeinsam.

Dieses Zerfallsverhalten ist auch anders als bei Lebewesen, z.B. beim Menschen. Setzen wir z.B. nur als Gedankenexperiment 1000 Männer auf einer einsamen Insel aus - ich nehme absichtlich Männer und nicht Frauen, weil ich mich bei Frauen erst vergewissern müßte, ob sie nicht schwanger sind, und die Arbeit spare ich mir.

Hätten diese Männer ein ähnliches Verhalten wie die Atome beim radioaktiven Zerfall mit z.B. einer Halbwertszeit von 30 Jahren, so wären auf der Insel nach 30 Jahren noch 500 Männer am Leben, nach 60 Jahren noch 250 Männer, nach 90 Jahren noch 125, nach 120 Jahren noch 62 (oder vielleicht 63), nach 150 Jahren noch 31 und nach 180 Jahren noch 15 oder 16 Männer am Leben. Wir sehen sofort, das entspricht sicher nicht der Realität. Die Sterbestatistik sieht bei Lebewesen ganz anders aus.

Nun könnte man sagen, wir wissen zwar vom einzelnen Radiumatom nicht, wann es zerfallen wird, aber das liegt vielleicht nur daran, daß wir das Gefüge des Atoms nicht genau genug kennen. Die Bausteine des instabilen Radiumkerns bewegen sich so heftig, daß einige davon schon mal herausfliegen können; der Kern kocht gewissermaßen. Würden wir die augenblickliche Konstellation der einzelnen Bausteine des Radiumatoms kennen, dann könnten wir vielleicht doch genauer vorausberechnen, wann es zerfällt.

Das Radiumatom zerfällt in zwei Bestandteile. Der eine ist ein fast gleich großer Kern des Elements Radon, und der andere ist ein Heliumkern, relativ klein. Man kann es auch so sehen, das

Radiumatom sendet beim Zerfall einen Heliumkern aus, und übrig bleibt ein Radonkern. An den Massenverhältnissen sieht man am besten, was klein und was groß ist. Der Radiumkern besteht aus 226 Bausteinen, der Heliumkern aus 4 Bausteinen, und der übrig gebliebene Radonkern besteht dann aus 222 Bausteinen.

Man könnte nun auf folgende Idee kommen: Wenn man wüßte, wie sich die Bausteine im Kern bewegen und arrangieren, so daß sich plötzlich ein Heliumklumpen aus 4 Bausteinen aus dem Verband löst, dann könnte man vielleicht auch berechnen, wann das passiert.

Aber genau das können wir nicht. Auf Grund der Unschärferelation ist es nicht möglich festzustellen, wo und mit welcher Geschwindigkeit sich die einzelnen Bausteine innerhalb des Radiumkerns zu einem bestimmten Zeitpunkt befinden. Nicht, weil wir keine experimentellen Möglichkeiten dazu hätten, sondern weil diese Eigenschaften, „wo" und „wie schnell", gar nicht definiert sind. Erst im Augenblick des Zerfalls entstehen nicht nur die beiden Bestandteile, sondern auch deren Eigenschaften.

Deshalb kann der Atomkern selbst nicht wissen, wann er zerfällt. Merkwürdig, aber so ist es halt.

Deshalb können wir auch nur mit der entsprechenden Wahrscheinlichkeit sagen, wann der Radiumkern zerfallen wird, d.h. mit 50 prozentiger Wahrscheinlichkeit ist er nach 1600 Jahren zerfallen.

Diese Art von Wahrscheinlichkeitsaussagen ist eine wesentliche Eigenart der Quantenphysik. So, als würde die Natur würfeln, bevor sie uns auf unsere Fragen Antwort gibt. Und mit dieser Eigenart hat sich Einstein nie anfreunden können; „Gott würfelt nicht!" meinte Einstein. Deshalb hat er das Gedankenexperiment mit dem Positronium und den Apparaturen, die die beiden Photonen auffangen sollen, ersonnen. Nach den drei hauptsächlich beteiligten Physikern Einstein, Podalsky und Rosen wird dieses Gedankenexperiment einfach mit der Abkürzung EPR bezeichnet.

Mit dem EPR-Gedankenexperiment wollen wir uns nun etwas näher beschäftigen. Aber wieder muß ich vorher etwas ausholen. Wir erinnern uns, was eine Zirkularpolarisation ist: Das im Kreise schwingende Seil, in dem man so schön hüpfen kann. Diese Zirkularpolarisation kann man sich vorstellen als zusammengesetzt aus zwei linearen Polarisationen, einmal senkrecht (vertikal) und einmal waagrecht (horizontal).

Wenn das Seil zunächst nur vertikal schwingt, nach oben z.B., dann eine Sekunde später nur horizontal, nach rechts, dann eine Sekunde später wieder vertikal, aber nach unten, und dann wieder eine Sekunde später wieder horizontal nach links, und schließlich nach einer weiteren Sekunde wieder vertikal nach oben, dann hat das Seil in 4 Sekunden eine ganze Drehung durchgeführt, aber zusammengesetzt aus vertikaler und horizontaler Schwingung, die jedoch zeitlich versetzt sind, man nennt das phasenverschoben.

Genauso kann man auch zirkular polarisiertes Licht in zwei linear polarisierte Wellen zerlegen. Wenn wir ein zirkular polarisiertes Photon in die Apparatur des EPR-Experiments schicken - das ist eine spezielle Anordnung von optischen Filtern - dann kommt auf der anderen Seite ein linear polarisiertes Photon heraus - ob es vertikal oder horizontal polarisiert ist, wissen wir vorher nicht, die Chance ist 50 zu 50.

Das ist wieder so eine Wahrscheinlichkeitsaussage. Mit 50%-iger Wahrscheinlichkeit ist das Photon hinter der Filteranordnung horizontal polarisiert, und mit 50%-iger Wahrscheinlichkeit ist es vertikal polarisiert, - und es gibt keinerlei Möglichkeit, vorauszusagen, welche der beiden Möglichkeiten verwirklicht wird.

Aber nun kommt das Merkwürdige. Im EPR-Experiment haben wir zwei Filteranordnungen. Jede fängt eines der beiden Photonen aus dem Positroniumzerfall auf. Wenn wir hinter der einen Filteranordnung ein vertikal polarisiertes Photon feststellen, dann muß das Photon hinter der anderen Filteranordnung horizontal polarisiert sein. So will es die Quantentheorie.

Das klingt zunächst nicht so sonderbar, ist es aber deshalb, weil wir damit ja doch eine Möglichkeit haben, vorhersagen zu können, welche Polarisation hinter der Filteranordnung herauskommt.

Angenommen, der eine Physiker mißt hinter seinem Filter ein vertikal polarisiertes Photon, dann weiß er - auch wenn die zweite Filteranordnung sehr weit weg ist und das zweite Photon noch unterwegs, also noch gar nicht bei der zweiten Filteranordnung angekommen ist - daß hinter dieser zweiten Filteranordnung ein horizontal polarisiertes Photon herauskommen wird. Und das, obwohl das Photon es selbst noch gar nicht wissen kann.

Das ist das berühmte EPR-Paradoxon, über das soviel diskutiert worden ist. Damit wollte Einstein zeigen, daß die Quantenphysik widersprüchlich ist. Entweder liegt die Polarisation des zweiten Photons doch irgendwie verborgen fest, bevor es die Filteranordnung erreicht, was nach der Quantenphysik nicht möglich sein soll, oder es muß vom ersten Filter in dem Augenblick, in dem das erste Photon registriert wird, ein Signal ausgeschickt werden, ein Signal, das das zweite Photon erreicht, bevor dieses bei der zweiten Filteranordnung ankommt, und ihm erzählt, wie es sich im Filter zu benehmen hat, mit welcher Polarisation es dahinter herauskommen soll. Das Signal muß also schneller als das Photon sein, d.h. mit Überlichtgeschwindigkeit fliegen - und damit war Einstein nicht einverstanden.

Wohlgemerkt, dieser Widerspruch tritt nur in der Quantenphysik auf, nicht in der klassischen Physik.

Wenn ich eine Tennisballwurfmaschine habe, die so konstruiert ist, daß sie immer nur gleichzeitig zwei Bälle herauswirft, einen roten Ball und einen blauen Ball in entgegengesetzte Richtungen - dann weiß ich, daß, wenn ich einen roten Ball auffange, mein Tennispartner am anderen Ende einen blauen Ball bekommen wird. Das weiß ich auch dann, wenn er weit weg steht, lange bevor er es weiß. Da liegt kein Widerspruch vor.

Aber das liegt daran, daß die Farben der Bälle schon festliegen, bevor die Bälle aufgefangen werden. Die Eigenschaften sind schon vor der Messung vorhanden. Und das ist in der Quantenphysik eben anders. In der Quantenphysik entsteht die Farbe erst, wenn ich den Ball auffange, und ich habe keine Möglichkeit, die Farbe vorher festzustellen. Quantenphysikalische Tennisbälle haben vor dem Auffangen keine Farbe.

Darauf hat schon Niels Bohr hingewiesen. Die Attribute entstehen erst bei der Messung, vorher sind sie nicht vorhanden. Dazu gehören die Attribute oder Eigenschaften Polarisation und Spin.

Wenn das so ist - und die Quantenphysik behauptet das, alle unsere Messungen zeigen das - dann muß es auch eine Kopplung irgendeiner Art zwischen den beiden Photonen geben, die es ermöglicht, Informationen - Signale - mit Überlichtgeschwindigkeit auszutauschen, d.h. wir können gar nicht die beiden Photonen als einzelne unabhängige Photonen behandeln, sondern sie bilden eine Einheit - auch wenn sie weit von einander entfernt sind - eine Einheit, die dafür sorgt, daß die Polarisationen hinter den beiden Filteranordnungen immer entgegengesetzt sind - die eine vertikal und die andere horizontal.

Vielleicht hängt das mit der anderen Merkwürdigkeit zusammen, die wir vorhin kennengelernt haben, daß die Zeit für die Photonen still steht, d.h. das zweite Photon kommt gar nicht später an als das erste, auch wenn die zweite Filteranordnung sehr viel weiter weg ist. Es sieht nur für uns so aus, als würden sie nacheinander die jeweiligen Apparaturen erreichen. Für sie selbst kommen sie im selben Augenblick, in dem das Positronium zerfällt, an. Für die Photonen passiert alles gleichzeitig.

Aus dem täglichen Leben kennen wir auch Objekte, die sich auf der Grenze zwischen Realität und Schein bewegen.

Nach dem Regen, wenn die Sonne wieder den Rücken wärmt und wir der dunklen Regenwolke nachschauen, erscheint uns der Regenbogen - der mit zu dem Schönsten an Schauspielen gehört, was die Natur uns bietet.

Dieser Regenbogen, so wirklich er uns erscheint, ist nur vorhanden, wenn wir ihn anschauen. Schauen wir weg, verschwindet auch der Regenbogen.

Nun wirst Du sagen, aber mein Nachbar sieht ihn doch auch, und photographieren kann ich ihn sogar. Auf dem Photo sieht man doch, daß er objektiv vorhanden ist.

Der Nachbar sieht ihn auch, aber er sieht nur seinen eigenen Regenbogen. Du siehst nur Deinen Regenbogen. Und wenn der Nachbar wegschaut, ist sein Regenbogen auch weg. Jeder sieht nur seinen eigenen Regenbogen, und wenn man wegschaut, verschwindet er.

Auch der Photoapparat sieht den Regenbogen nur in der hundertstel Sekunde, in der der Verschluß offen ist. Auf dem Photo ist nur ein Abbild dessen, was der Photoapparat in dem kleinen Bruchteil einer

Sekunde gesehen hat. Davor und danach gibt es für den Photoapparat keinen Regenbogen.

Glaubt man an die reale Existenz des Regenbogens, kommen einem auch scheinbar vernünftige und interessante Fragen: Wie sieht der Regenbogen von hinten aus?

Man kann durchaus Fragen an die Natur stellen, die sie nicht beantworten kann, weil sie sinnlos sind.

Auch das eigene Spiegelbild, das man jeden Morgen im Badezimmer sieht, gehört zu den Objekten ohne reale Existenz - obwohl man bei der Beobachtung sowohl Nachbarn als auch Ehemann und Photoapparat zu Hilfe nehmen kann, um die Existenz zu beweisen. Die Spiegelbilder haben auch nur eine Vorderseite. Sie sind hohl im Rücken, wie die Elfen in H.C.Andersens Märchen.

Der Regenbogen ist als Erscheinung Realität. Als Gegenstand hat er keine Realität. Sogar der Schatten hat mehr Realität; er ist auch vorhanden, wenn ihn niemand beobachtet. Wir sehen, es gibt verschiedene Arten und Abstufungen von Realität.

6. Tag, die Identität des Elektrons.

Über die eigenartige Sache mit der Wahrscheinlichkeit in der Quantenphysik ist bereits viel philosophiert worden.

Wir haben einen Formalismus, eine Rechenmethode, mit der wir Wahrscheinlichkeiten über das Eintreffen von Geschehnissen ausrechnen können. Dieser Formalismus funktioniert ganz hervorragend. Dafür müssen wir einmal auf die Sicherheit der Voraussage verzichten - wir können immer nur Voraussagen mit einer gewissen Wahrscheinlichkeit treffen - zum anderen müssen wir auf das Verständnis verzichten. Wir wissen nicht, warum dieser Formalismus so gut funktioniert - und gerade das schafft Raum für die Phantasie, für philosophische Weltbilder, die die Hintergründe der quantenmechanischen Berechnung erhellen sollen - ob sie das dann tun, ist für jeden einzelnen reine Ansichtssache.

Aber was haben wir eigentlich davon, daß der Formalismus so gut funktioniert, wenn wir immer nur Wahrscheinlichkeiten ausrechnen können. Dann haben wir doch auch nur als Ergebnis, daß die Voraussage, die wir haben wollen, mit einer gewissen Wahrscheinlichkeit richtig ist, aber auch mit der entsprechenden Wahrscheinlichkeit falsch. Was funktioniert denn dann so gut?

Da kommt uns wieder das kollektive Wissen zu Hilfe, auch das Gesetz der großen Zahlen genannt. Wenn wir ausgerechnet haben, daß ein Elektron sich mit der Wahrscheinlichkeit 1/2 so und so verhält, dann wissen wir zwar nicht, wie es sich nun wirklich verhalten wird. Aber wir können mit sehr großer Sicherheit voraussagen, daß von einer Milliarde Elektronen 500 Millionen Elektronen sich so verhalten, wie wir es berechnet haben - und das ist doch schon was. Mehr können wir nicht verlangen.

Wenn wir ein Elektron mit einer bestimmten Geschwindigkeit an einem Ort A vorfinden - so weit wir dies im Rahmen der Unschärferelation bestimmen können, dann können wir die Wahrscheinlichkeit berechnen, dieses Elektron nach einer bestimmten Zeit am Ort B wieder vorzufinden. Die Wahrscheinlichkeitswellen des Elektrons, die sich vom Ort A ausbreiten, überlagern sich so, daß sie sich im Ort B verdichten, so daß man dann eine entsprechend hohe Wahrscheinlichkeit erhält, das Elektron dort wieder zu finden.

Bei Tennisbällen ist das genauso. Nur merken wir das nicht, weil die Wahrscheinlichkeit, den Tennisball am Ort B **nicht** vorzufinden, so verschwindend gering ist, daß das nicht eingetreten ist, solange die Menschheit Tennis gespielt hat - und ziemlich sicher nicht eintreten wird, solange noch Tennis gespielt wird. Darauf können sich alle angehenden Tennisspieler ohne weiteres verlassen.

Mit dem kleinen Elektron ist das schon nicht so sicher - hier zeigen die Interferenzen bereits, daß die Sicherheit, das Elektron im Ort B vorzufinden, nicht so groß ist wie beim Tennisball. Und was die Sache noch unsicherer macht - wir wissen auch nicht, was mit dem Elektron zwischen den beiden Orten A und B passiert. Wir registrieren nur ein Elektron, zuerst am Ort A und etwas später am Ort B. Ob es überhaupt dasselbe Elektron ist, wissen wir nicht - ob es überhaupt so etwas gibt wie eine Identität des Elektrons, wissen wir auch nicht.

Bei Wellen auf der Wasseroberfläche ist es so ähnlich. Wir können ohne weiteres sehen, wie sich eine Welle über die Meeresoberfläche hinweg bewegt und schreiben der Welle auch eine Identität zu. Diese Welle, sagen wir, kommt jetzt auf unser Boot zu. Aber die Welle ist ja nur die Auf- und Abbewegung der Wassermassen an der Oberfläche. Macht es überhaupt Sinn davon zu reden, daß die Bewegung, die wir gerade am Ort A gesehen haben, dieselbe Bewegung anderer Wassermassen kurze Zeit später am Ort B ist?

Damit ist der Begriff der Identität der Welle schon in Frage gestellt. Zumindest müssen wir genau wissen, was damit gemeint ist.

So ist es auch mit den Elektronen. Was wir berechnen, sind Wahrscheinlichkeitswellen, was wir messen, sind Lichtblitze auf einem Schirm oder Ausschläge in einer Meßapparatur, die wir als Elektronen deuten. Aber nachdem wir jetzt nicht mehr wissen, ob wir Teilchen oder Wellen registrieren, verlieren wir auch die Sicherheit, von einer Identität des Elektrons reden zu können. Am Ort A erscheint etwas, das aussieht wie ein Elektron und am Ort B erscheint kurze Zeit später auch etwas, das genauso aussieht. Aber was dazwischen geschieht, ist unklar. So, wie wenn man Tennis im Dunklen spielen würde, nur mit einer Taschenlampe ausgerüstet.

Auch unsere eigene Identität ist nicht so gesichert. Die Atome und Moleküle, aus denen ich bestehe, sind sicher nicht mehr dieselben wie vor sieben Jahren. Der Metabolismus des Organismus sorgt für einen ständigen Stoffaustausch mit der Umgebung. Wir behelfen uns damit, zu sagen, daß unsere Identität nicht durch unseren Körper gegeben ist, sondern durch die Strukturen, die unserem Körper eigen sind, vor allem durch unsere geistigen Strukturen, die durch unser Gehirn festgehalten werden, obwohl unser Gehirn genauso dem metabolischen Austausch mit der Umgebung unterliegt. Dieses Überdauern der geistigen Strukturen erleben wir als Erinnerung. Aber wir geben diesen Strukturen einen Namen, der dann in der Personalakte festgehalten wird. Die Personalakte unterliegt normalerweise keinem Austausch, dort wird nur gesammelt - sie bleibt ewig - und setzt Staub an.

Die Vorstellung über die Natur der Wahrscheinlichkeitswellen konzentrierte sich vor allem auf zwei unterschiedliche Schulen. In der einen, die von Born vertreten wurde, ist man der Ansicht, die Wahrscheinlichkeitswellen seien mathematische Konstruktionen, die aussagen, wo sich Teilchen vorwiegend aufhalten.
Die andere Schule, die Wiener Schule, die von Schrödinger vertreten wurde, ist der Meinung, die Teilchen seien tatsächlich verschmiert, die Materiewellen stellten diese Verschmierung dar. Das Elektron in der Umgebung des Atomkerns befände sich gewissermaßen überall gleichzeitig.

7. Tag, polarisierte Photonen.

Auch die polarisierten Photonen geben Rätsel auf. Wenn wir von polarisierten Photonen reden, dann dürfen wir nicht vergessen, daß damit gemeint ist, daß die elektromagnetische Welle, die sich als Photon zeigen kann, polarisiert ist.

Wenn nun ein solches Photon auf ein Polarisationsfilter trifft, dann geht es durch das Filter oder es wird im Filter absorbiert, je nachdem wie das Filter gedreht ist.

Der Photograph kennt solche Polarisationsfilter. Die setzt er vor die Linse seiner Kamera, um z.B. Spiegelungen von Fensterscheiben zu unterdrücken. Das Licht, das von Glasscheiben reflektiert wird, ist polarisiert. Er muß nur das Filter richtig drehen - nämlich um die optische Achse der Kamera, die Richtung, in die die Kamera schaut.

So ein Polarisationsfilter stellt man sich vor wie ein Gitter aus parallelen Gitterstäben. Wenn man das schon vielfach zitierte Springseil durch ein solches Gitter führt, bevor man es an der Türklinke befestigt, dann kann man daran die Wirkung dieses „Polarisationsfilters" auf die Schwingung des Springseils demonstrieren. Wenn das Seil in Richtung der Gitterstäbe schwingt, dann bilden die Gitterstäbe kein Hindernis; die Schwingung geht ungehindert durch. Wenn man aber versucht, das Seil senkrecht zu den Gitterstäben zu schwingen, dann bremsen die Gitterstäbe die Schwingung; die Schwingung geht nicht durch das

„Polarisationsfilter". So ähnlich wirkt auch das optische Polarisationsfilter. Es besteht aus Molekülen, die so angeordnet sind, daß sie auf die Photonen wirken wie die Gitterstäbe auf die Schwingung des Springseils. Wenn das Polarisationsfilter so gedreht ist, daß die „Stäbchen" senkrecht stehen - senkrecht zur Tischoberfläche, wo man das Filter hingestellt hat - dann gehen nur senkrecht polarisierte Photonen durch. Horizontal polarisierte Photonen werden zurückgehalten.

Das führt natürlich dazu, daß nur die senkrecht polarisierten Photonen durchkommen, wenn man einen Schwarm von Photonen, die alle Polarisationsrichtungen aufweisen, durch das Filter schickt. Mit dem Filter kann man auf diese Weise aus nichtpolarisiertem Licht polarisiertes Licht erzeugen.

Das kann man bestätigen, indem man hinter dieses Filter ein zweites Polarisationsfilter aufstellt. Dreht man das in vertikale Richtung, gehen die Photonen auch durch dieses Filter. Dreht man es in horizontale Richtung, gehen die Photonen nicht durch; hinter dem zweiten Filter ist es dunkel.

D.h. sind die beiden Filter parallel orientiert, lassen sie Licht durch (Abb.7.3.a). Sind sie so orientiert, daß ihre Polarisationsrichtungen senkrecht zu einander stehen, dann lassen sie kein Licht durch (Abb.7.3.b).

So weit ist es ja verständlich. Man kann sich auch ein Gebäude vorstellen mit einem Eingang aus zwei hintereinander liegenden

Türen. Wenn ich durch die erste Tür nur Frauen durchlasse, dann habe ich hinter dieser Tür nur Frauen. Wenn ich sie dann durch eine zweite Tür schicken will, die nur Männer durchläßt, dann kommt überhaupt niemand durch (Abb.7.1).

Wenn ich die zweite Tür so ändere, daß sie nur Frauen durchläßt, dann kommen alle Frauen ins Gebäude.

Nun setze ich zwischen die beiden Türen eine dritte Tür, die folgende Eigenschaft hat: sie läßt mit 50%-iger Wahrscheinlichkeit Männer durch und mit 50%-iger Wahrscheinlichkeit Frauen (Abb.7.2). D.h. kommt ein Mann an diese etwas eigenartige Tür, hat er eine 50%-ige Chance durchzukommen - genauso die Frau. Kommt eine ganze Volksmenge an eine solche Tür, dann habe ich hinter der Tür wieder eine Volksmenge - allerdings etwas weniger Leute, weil ja sowohl Männer als auch Frauen nur 50 % Chance haben durch die Tür zu kommen, d.h. ich habe hinter dieser Tür wieder Männer und Frauen, aber nur die Hälfte der Leute, die versucht haben, durch die Tür zu kommen. Die andere Hälfte muß draußen bleiben.

Genauso verhält sich ein Polarisationsfilter, das unter dem Winkel 45° relativ zur Senkrechten (und damit auch zur Waagrechten) gedreht ist. Wenn vertikal polarisiertes Licht auf dieses 45°-Filter trifft, dann geht die Hälfte der Photonen durch; jedes einzelne Photon hat 50% Chance durchzukommen - und dasselbe gilt für horizontal polarisiertes Licht.

Abb.7.1. Zwei Polarisationsfilter.
Zwei Polarisationsfilter hintereinander, deren Polarisationsrichtungen senkrecht aufeinander stehen, verhalten sich wie zwei Türen hintereinander, von denen die erste nur Frauen durchläßt und die zweite nur Männer.

Abb.7.2. Schräggestelltes Polarisationsfilter.
Ein Polarisationsfilter, dessen Orientierung 45° zum einfallenden polarisierten Licht beträgt, verhält sich wie eine Tür, die mit 50%-iger Wahrscheinlichkeit Männer durchläßt und mit 50%-iger Wahrscheinlichkeit Frauen. Die Tür hat eine merkwürdige Eigenschaft. Obwohl nur Frauen durch die Tür gehen, erscheinen auf der anderen Seite der Tür auch Männer.

Kehren wir nochmals zum Gebäude mit den beiden Türen zurück. Die erste Tür läßt nur Frauen durch, die zweite Tür läßt nur Männer durch - also kommt niemand ins Gebäude.

Nun setze ich dazwischen diese dritte Tür, die zur Hälfte Frauen und zur Hälfte Männer durchläßt. Was wird passieren? Nun, logischerweise kommt immer noch niemand ins Gebäude.

Nun mache ich dasselbe mit den Polarisationsfiltern. Ich setze zwischen das vertikal ausgerichteten Filter und das horizontal ausgerichteten Filter ein Filter unter dem Winkel 45°. Was wird passieren?

Das erste Filter läßt nur vertikal polarisierte Photonen durch, das Zwischenfilter läßt diese zur Hälfte durch, und das letzte Filter läßt nur horizontal polarisierte Photonen durch - also bleibt es immer noch dunkel. - Denkste. - Es wird hinter dem letzten Filter plötzlich hell (Abb.7.3.c). Nimmt man das Zwischenfilter wieder heraus, ist es hinter dem letzten Filter wieder dunkel. Schiebt man das Zwischenfilter wieder hinein, wird es wieder hell.

Obwohl dieses Zwischenfilter nur einen Teil der Photonen durchläßt, führt es dazu, daß insgesamt mehr Licht durch die ganze Anordnung der drei Filter geht als durch die beiden äußeren Filter allein.

Schauen wir uns wieder den Vergleich mit den hintereinanderliegenden Türen an. Die dritte Tür, die wir dazwischen gebaut hatten, führt also dazu, daß durch die letzte Tür doch einige Leute durch kommen - und zwar Männer.

Die erste Tür läßt nur Frauen durch; die letzte Tür läßt nur Männer durch. Die Zwischentür läßt beide durch, aber nur zur Hälfte.

Wenn jetzt, obwohl die erste Tür nur Frauen durchläßt, doch einige Männer ins Gebäude kommen, dann muß die Zwischentür noch eine merkwürdige Eigenschaft haben. Sie wandelt Frauen zu Männern um (Abb.7.2).

D.h. es ist gar nicht so, daß die Zwischentür mit 50%-iger Wahrscheinlichkeit Männer und mit 50%-iger Wahrscheinlichkeit Frauen durchläßt, sondern es ist viel eher so, egal wer durch die Tür geht, die Person erscheint hinter der Tür mit 50%-iger Wahrscheinlichkeit als Frau und mit 50%-iger Wahrscheinlichkeit als Mann. Oder anders ausgedrückt, wenn eine Person durch die Tür gehen will, verschwindet diese Person und es erscheint auf der anderen Seite der Tür wieder eine Person, die eine Frau sein kann oder auch ein Mann, jeweils mit 50%-iger Wahrscheinlichkeit.

Damit ist auch die Identität der Person als Frau oder als Mann in Frage gestellt.

Bei den Polarisationsfiltern ist es genauso. Das Photon, das auf das Zwischenfilter fällt, egal ob es horizontal oder vertikal polarisiert ist, kommt auf der anderen Seite mit 50%-iger Wahrscheinlichkeit als horizontal polarisiertes Photon und mit 50%-iger Wahrscheinlichkeit als vertikal polarisiertes Photon heraus.

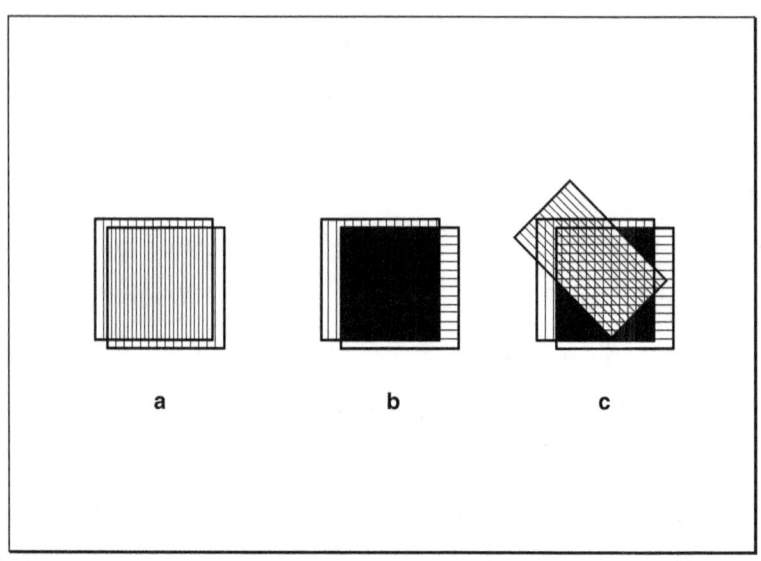

Abb. 7.3. Polarisationsfilter.
Sind die beiden Filter parallel orientiert, lassen sie Licht durch (a). Sind sie so orientiert, daß ihre Polarisationsrichtungen senkrecht zueinander stehen, dann lassen sie kein Licht durch (b).
Schiebt man zwischen die beiden Filter ein drittes Polarisationsfilter, dessen Orientierung 45° zu den beiden anderen beträgt, läßt die ganze Anordnung von drei Filtern wieder Licht durch (c).

Das Zwischenfilter unterscheidet sich von den beiden anderen Filtern nur durch die Orientierung. D.h. das Polarisationsfilter generell läßt nicht Photonen durch, sondern es absorbiert Photonen und schickt auf der anderen Seite Photonen heraus - und zwar mit einer bestimmten Verteilung ihrer Polarisation. Die meisten Photonen sind so polarisiert wie das Polarisationsfilter orientiert ist, aber einige sind auch schräg dazu polarisiert, mehr oder weniger. Je schräger um so weniger sind es.

Das Photon verliert seine Identität beim Auftreffen auf das Filter - falls es überhaupt sinnvoll ist von einer Identität zu sprechen, und es entsteht auf der anderen Seite des Filters ein neues Photon. Mit dieser Vorstellung über die Photonen und ihre Polarisation ist auch das merkwürdige Verhalten der Polarisationsfilter verständlich.

Das Verhalten der Polarisationsfilter erscheint nur paradox in der Vorstellung, das Licht bestünde aus Photonen. Wenn wir bei dem Bild der elektromagnetischen Welle bleiben, ist das Polarisationsfilter durchaus verständlich.

Der schwingende elektrische Vektor regt die Moleküle im Filter an. Die Anregungswahrscheinlichkeit ist abhängig von der gegenseitigen Orientierung des elektrischen Vektors und der Moleküle. Die angeregten Moleküle emittieren ihrerseits elektromagnetische Wellen, wie kleine Antennen. Die Polarisation der emittierten Welle ist durch die Orientierung der angeregten Moleküle bestimmt. In diesem Bild treten keine Identitätsfragen der elektromagnetischen Welle auf.

Erst wenn wir die Eigenschaften des Lichtes durch Photonen beschreiben müssen - und es gibt ja Phänomene, die sich nicht durch die Wellennatur des Lichtes beschreiben lassen, wie wir gesehen haben - treten Fragen nach der Identität der einzelnen Photonen auf. Die Photonen selbst sind also keine Teilchen im herkömmlichen Sinne - sie sind gerade so existent, daß sie einige Phänomene des Lichtes erklären können, aber nicht so existent, daß man von einer Identität sprechen könnte. Versucht man die Photonen als Teilchen zu fassen, verschwinden sie wieder - so wie die Elektronen, wie wir früher gesehen haben. Hier kommt das Komplementaritätsprinzip von Niels Bohr wieder voll zum Tragen. Wir brauchen beide Bilder - elektromagnetische Welle und Photonen - obwohl sie sich widersprechen - um die Natur des Lichtes beschreiben zu können.

Dieses Bild von der Absorption und Emission der elektromagnetischen Welle erklärt nicht nur das Verhalten des Polarisationsfilters, sondern auch die Wechselwirkung des Lichtes mit jedem beliebigen Körper. Wenn Licht auf Glas auftrifft, geschieht dasselbe. Der elektrische Vektor regt die Moleküle im Glas an. Diese angeregten Moleküle senden wieder elektromagnetische Wellen aus. Diese regen wieder Glasmoleküle an, die tiefer im Glaskörper liegen, u.s.w. Auf diese Weise pflanzt sich die elektromagnetische Welle im Glaskörper durch Absorption und Emission fort. Auf der anderen Seite kommt dann das Licht heraus, die elektromagnetische Welle, die von den Molekülen auf der Oberfläche der anderen Seite emittiert wird. Deshalb ist Glas durchsichtig. Die Photonen gehen also nicht durch das Glas, sondern es sind andere Photonen, sie werden absorbiert und entstehen immer wieder neu.

Bei der Spiegelung geschieht dasselbe, nur daß die Moleküle an der Oberfläche ihre Energie hauptsächlich in die Richtung wieder emittieren, wo das Licht herkam - oder unter einem bestimmten Winkel zur Einfallsrichtung des Lichtes. Die Physik des durchsichtigen Körpers ist also gar nicht so unverständlich.

Etwas schwieriger zu verstehen ist, warum es auch undurchsichtige Körper gibt. In diesen gelingt es den Molekülen nicht, ihre Anregungsenergie wieder vollständig als elektromagnetische Welle zu emittieren, ein Teil davon geht durch Stöße mit den Nachbarmolekülen verloren - es entsteht Wärme statt dessen. Wenn Licht auf einen undurchsichtigen Körper auftrifft, wird er warm.

Auch die Farben der Körper sind in diesem Bild zu verstehen. Die meisten Moleküle sind wählerisch bei der Aufnahme von Licht. Und was sie nicht absorbieren, wird wieder emittiert, bzw. reflektiert. Wenn das Licht schon in der Oberflächenschicht zurück emittiert wird, spricht man von Reflexion. Das weiße Licht der Sonne besteht aus all den Farben, die wir im Regenbogen sehen, rot, orange, gelb, grün, blau, violett und der unendlichen Vielfalt der Zwischentöne. Ein Körper, der aus dem weißen Licht vorwiegend das blaue Licht absorbiert, wird von uns als gelb gesehen. Die Zitrone wird daher im blauen Licht dunkel erscheinen. Sie kann ja kein gelbes Licht emittieren, weil keines da ist; also bleibt sie dunkel. Einige Stoffe können auch das blaue Licht absorbieren und dann wieder gelbes Licht emittieren. Das sind sogenannte Fluoreszenzfarbstoffe. Die leuchten auch im blauen Licht gelb. Die Zitrone kann das nicht.

8. Tag, über Naturgesetze.

Es gibt noch viele verborgene Zusammenhänge in der Natur. Es scheint, als fehle uns noch eine höhere Warte, von der aus die Naturgesetze selbstverständlicher und einfacher zu überschauen wären.

Vielleicht sollte man gar nicht von „Gesetzen" sprechen. Die Elektronen oder Planeten gehorchen beim Durchlaufen ihrer Bahnen nicht irgendwelchen Gesetzen. Der Ausdruck „Naturgesetz" vermittelt zu sehr die Vorstellung, es gäbe bestimmte von jemandem vorgegebene Regeln und Gesetze, nach denen sich dann die geschaffenen Teilchen, ob Elektronen oder Planeten, zu richten hätten. Was wir beobachten, sind jedoch eher Eigenschaften dieser Teilchen. Das elektromagnetische Feld ist nicht eine Kraft, der das Elektron Folge leisten muß, es ist vielmehr eine Eigenschaft der elektrischen Ladung. Ebenso ist die Gravitation eher eine Eigenschaft der Masse. Wir machen uns Bilder von den Eigenschaften des Elektrons, die untereinander nicht kompatibel sind. Für jede Eigenschaft formen wir uns ein Modell des Elektrons, ein Modell, mit dem diese Eigenschaft erklärt oder beschrieben wird. Nur, alle diese Modelle passen nicht zusammen, sie ergeben kein geschlossenes Bild des Elektrons.

Das Elektron stellt dabei nur ein Beispiel dar, stellvertretend für viele Naturerscheinungen, die wir immer nur aus einer bestimmten Perspektive beobachten können.

Eine solch höhere Warte wurde z.B. mit der Relativitätstheorie erreicht. In der Newtonschen Mechanik kannte man schon das Relativitätsprinzip. Man hatte hier bereits die Vorstellung entwickelt, daß es nur relative Geschwindigkeiten gibt. Es gibt kein mechanisches Experiment, mit dem man feststellen könnte, ob ein System ruht oder sich mit konstanter Geschwindigkeit bewegt.

Wir kennen das von unserer Erfahrung in der Eisenbahn. Wir können weder, indem wir Bälle werfen, noch indem wir mit Pendeln, Waagen oder sonstigen mechanischen Geräten arbeiten, feststellen, ob die Bahn steht oder sich gleichförmig bewegt. Nur wenn man hinaus schaut, sieht man, ob man sich bewegt. Und auch dann wissen wir nicht, ob sich der Zug bewegt, oder ob sich die ganze Erde unter dem ruhenden Zug in die entgegengesetzte Richtung bewegt.

All das hat man zusammengefaßt, indem man festgestellt hat, es gibt nur relative Geschwindigkeiten. Es gibt kein mechanisches Experiment, mit dem man eine absolute Geschwindigkeit feststellen könnte.

Und dann kam die Idee mit dem Äther und der Lichtgeschwindigkeit, wie wir es schon am 2. Tag kennengelernt haben. Mit einem solchen optischen Experiment, wie es Michelson versuchte, wollte man die absolute Geschwindigkeit der Erde messen.

Als das nicht gelang, erreichte man die höhere Warte der Relativitätstheorie mit der Formulierung: es gibt auch kein optisches Experiment, mit der man eine absolute Geschwindigkeit messen könnte. Es gibt überhaupt kein solches Experiment. Von einer absoluten Geschwindigkeit zu reden ist sinnlos.

Wir hatten am 1. Tag schon den Unterschied zwischen der feldfreien Masse und der elektromagnetischen Masse des Elektrons kennengelernt. Die feldfreie Masse des Elektrons ist die Masse, die das Elektron ohne elektrische Ladung hätte - wenn das überhaupt sinnvoll ist; vielleicht ist das so wie Scholle ohne Fisch.

Ob wirklich ein Unterschied besteht, wissen wir nicht. Auch über das Verhältnis dieser beiden Massenarten können wir nichts sagen; wir können nur die Summe der beiden messen.

Dann haben wir noch am 3. Tag den Unterschied zwischen der Ruhemasse und der relativistischen Masse kennengelernt. Beim Photon, dem Lichtteilchen, haben wir gesehen, es muß die Ruhemasse Null haben, um mit Lichtgeschwindigkeit fliegen zu können, wobei es dann eine endliche Masse hat, d.h. eine Masse mit irgendeinem Wert größer als Null aber nicht unendlich groß.

Eine der großen Fragen ist nun, was ist das für eine Masse, die das Photon hat, ist es feldfreie Masse oder elektromagnetische Masse - immerhin entstehen ja Photonen aus der Vernichtung der elektromagnetischen Masse des Positroniums - oder ist es etwas drittes?

Wir wissen, daß die Masse des Photons schwer ist, d.h. sie unterliegt der Schwerkraft. Man hat die Ablenkung der Lichtstrahlen von fernen

Sternen gemessen, wenn sie nahe an der Sonne vorbeilaufen - also durch das starke Gravitationsfeld der Sonne, bevor sie von unseren Fernrohren aufgefangen werden. Bei einer totalen Sonnenfinsternis, wenn der Mond die Sonnenscheibe verdeckt, kann man die Sterne in unmittelbarer Nähe der Sonne sehen. Vergleicht man eine Aufnahme von diesem Sternenhimmel um die Sonne herum mit einer Aufnahme derselben Gegend zu einer Zeit, wenn die Sonne auf der anderen Seite des Himmels steht, dann sieht man, wie die Sterne von der Sonne abrücken. Malt man sich den Strahlengang um die Sonne auf, erkennt man schnell, daß diese „Abstoßung" der Sterne von der Sonne dadurch zustandekommt, daß die Lichtstrahlen von der Sonne angezogen werden; der Strahlengang wird so verbogen, daß es für uns so ausschaut, als würden die Sterne von der Sonne abrücken.

Als wir am 1. Tag über die Masse sprachen, haben wir stillschweigend zwei verschiedene Eigenschaften der Masse verwendet. Einmal haben wir die Eigenschaft kennengelernt, daß sich Massen gegenseitig anziehen. Die Masse mit dieser Eigenschaft nannten wir sinnigerweise schwere Masse. Die andere Eigenschaft ist die, daß sich eine Masse jeglicher Änderung ihres Bewegungszustandes widersetzt. Wenn sich ein Körper in Ruhe oder in gleichförmiger Bewegung befindet - d.h. sich mit konstanter Geschwindigkeit bewegt - dann müssen wir eine Kraft aufbringen, um diesen Zustand zu ändern, also den Körper entweder beschleunigen oder verzögern. Der Körper ist träge, oder der Körper hat sogenannte träge Masse.

Daß dies nun zwei Eigenschaften ein und derselben Masse sind, ist nicht selbstverständlich. Es könnte genauso gut sein, daß der Körper sowohl eine schwere Masse hat, die auf die Anziehungskraft einer anderen schweren Masse reagiert, als auch eine träge Masse, die sich einer Geschwindigkeitsänderung widersetzt. Beim Elektron haben wir ja schon gesehen, daß es sowohl träge Masse als auch Ladung hat. Die träge Masse widersetzt sich einer Geschwindigkeitsänderung, und die Ladung macht sich im elektrischen Feld bemerkbar. Das sind zwei völlig verschiedene Sachen. Es gibt sowohl Körper mit träger Masse aber ohne Ladung, als auch Körper mit viel Ladung aber wenig Masse. Ganz ohne Masse aber mit Ladung gibt es merkwürdigerweise nichts, aber das Verhältnis zwischen Masse und Ladung kann sehr unterschiedlich sein.

Bei der trägen und schweren Masse ist das anders. Da ist das Verhältnis immer gleich. Man braucht daher nur die Kraft entsprechend zu eichen, d.h. an Hand der Ausdehnung einer Feder die Kraftgröße zu definieren, um die beiden Massen gleichzusetzen.

D.h. träge Masse ist gleich schwerer Masse. Warum das so ist, versteht die klassische Physik nicht. In der Relativitätstheorie formuliert man diese Gleichheit mit der Aussage, es handele sich um ein und dieselbe Masse, die diese beiden Eigenschaften hat. Das ist das sogenannte Äquivalenzprinzip der Relativitätstheorie.

Das bedeutet u.a. auch, daß wir nicht unterscheiden können, ob wir uns in einem Schwerefeld einer großen Masse befinden, oder ob wir uns weit weg von schweren Massen in einer Rakete befinden, die dauernd beschleunigt wird. Beides wirkt sich auf uns so aus, daß wir zu Boden gedrückt werden, entweder durch die Schwerkraft oder durch die Beschleunigung. Auch das drückt eine Relativität aus. Es gibt kein Experiment, mit dem wir feststellen könnten, ob es sich um die Gravitation handelt, oder ob es sich um eine Beschleunigung handelt, der wir ausgesetzt sind - es sei denn, wir schauen durch die Raketenluken ins Weltall hinaus. Aber das gilt nicht; übrigens könnten wir auch dann nicht feststellen, ob die ganze Umgebung, die wir sehen, dem Schwerefeld unterliegt oder ob sie mit uns beschleunigt wird.

Dieses Äquivalenzprinzip ist einer der Grundpfeiler der allgemeinen Relativitätstheorie. Man hat die Relativitätstheorie in zwei Teile aufgeteilt. Der erste Teil ist die spezielle Relativitätstheorie, die sich nur mit gleichförmiger Bewegung beschäftigt; der zweite Teil ist die allgemeine Relativitätstheorie, die sich auch mit Beschleunigungen und Kräften beschäftigt.

In der Vorstellung über die Kräfte hat sich auch - wie beim Elektron - im Laufe der Geschichte ein Wandel vollzogen.

Newton stellte sich noch die Kraft - Gravitationskraft - vor wie etwas, das augenblicklich über große Entfernungen hin wirkt z. B. zwischen

Erde und Mond. Da das mit der Relativitätstheorie nicht vereinbar war, entwickelte man die Vorstellung von einem Gravitationsfeld um jede Masse, das die Kraft mit Lichtgeschwindigkeit überträgt. Erst die Quantentheorie entwickelte die Vorstellung vom Austausch von Teilchen als Kraft.

Die Kräfte - z. B. Gravitation und elektrostatische Kräfte - werden durch den Austausch von Teilchen erklärt. Das klingt sonderbar, aber es funktioniert.

Stellen wir uns zwei Ruderboote nebeneinander vor mit je einer Person. Die beiden Skipper fangen nun an, sich große schwere Backsteine zuzuwerfen. Einer wirft, der andere fängt auf. Dann wirft der zweite, und der erste fängt auf. So geht das weiter. In jedem Boot bleiben im Mittel immer gleich viele Backsteine - eigentlich braucht man ja nur einen Backstein, der immer hin und her geworfen wird. Die beiden Boote tauschen Backsteine aus. Was passiert? Nun, die beiden Boote fangen an auseinanderzutreiben. Jedes Mal, wenn ein Backstein von einem Boot zum anderen fliegt, bringt er auch einen Impuls mit, der vom einem Boot zum anderen transportiert wird. D.h. der Austausch von Backsteinen durch das Werfen wirkt wie eine abstoßende Kraft.

Anders sieht es aus, wenn die beiden Skipper sich nicht die Backsteine zuwerfen, sondern jeder mit einem langen Arm einen Backstein aus dem anderen Boot zu sich herüberholt. Was passiert dann? Nun, die beiden Boote bleiben zusammen oder treiben zueinander, wenn noch ein Abstand zwischen ihnen vorhanden war. Jedes Mal, wenn ein Backstein von einem der Skipper aus dem anderen Boot geholt wird, zieht er sein Boot an das andere heran, indem er den Backstein vom anderen Boot zu sich heranzieht - auch Impulsaustausch! D.h. in diesem Fall wirkt der Austausch von Backsteinen wie eine anziehende Kraft.

So kann also tatsächlich der Austausch von Teilchen mit Masse wie eine Kraft wirken, je nachdem, wie das geschieht, als abstoßende oder anziehende Kraft.

Die elektrostatischen Kräfte zwischen Elektronen und Positronen - überhaupt zwischen geladenen Teilchen - werden durch den Austausch von Photonen, Lichtquanten, verursacht. Dabei gilt das gleichermaßen für die Abstoßung zwischen gleichnamigen Ladungen, also zwischen Positronen untereinander und zwischen Elektronen untereinander, wie für die Anziehung zwischen ungleichnamigen Ladungen, also zwischen Elektronen und Positronen. Das Photon schafft es, durch den Austausch eine Kraft zu erzeugen, obwohl es keine Ruhemasse hat; es hat jedoch eine relativistische Masse. Auch hier sehen wir, wie die drei Teilchenarten, Elektronen, Positronen und Photonen gemeinsam auftreten.

Auch die Gravitationskraft stellt man sich vor als einen Austausch von Teilchen. Diese hypothetischen Teilchen heißen natürlich Gravitonen. Sie sollen wie die Photonen die Ruhemasse Null haben. Da sie aber

mit Lichtgeschwindigkeit fliegen sollen, müßten sie auch eine relativistische Masse haben, mit der sie die Kraft - in diesem Falle die Anziehungskraft zwischen Massen - übertragen können.
Die Gravitonen bestehen bis jetzt nur in der Theorie, gefunden hat sie noch niemand. Aber es wird eifrig gesucht.

Bei manchen - vielleicht sogar bei vielen - Naturgesetzen hat man das Gefühl, sie sind mehr oder weniger willkürlich entstanden.
Nehmen wir als Beispiel den berühmten Energieerhaltungssatz. Man hat eine Größe definiert durch das Produkt aus der Masse und dem Quadrat der Geschwindigkeit oder aus einer Strecke und einer Kraft und nennt dies dann Energie. Und dann behaupten die Physiker, daß gerade diese Größe konstant bleibt. Über die genaue Formulierung wollen wir uns nicht streiten, die haben wir zur Genüge in der Schule gelernt - ob man es wirklich verstanden hat, sei dahingestellt. Aber man hat sich daran gewöhnt.
Wie kommt man nun gerade auf diese Größe? Etwas Ähnliches haben wir beim Impuls, den wir am 2. Tag bei den Billardkugeln kennengelernt haben. Auch hierfür, für das Produkt aus der Masse und der Geschwindigkeit, gibt es einen Erhaltungssatz. Ebenso für den Drehimpuls. Für den Laien ist das verwirrend. Der Physiker hat sich daran gewöhnt. Aber ganz zufrieden ist auch der Physiker nicht damit. Er sucht immer noch die höhere Warte, allgemeinere Prinzipien, aus denen dann diese Sätze folgen.

Allgemeine Prinzipien sind oft um so einsichtiger, je allgemeiner sie sind. Solche einsichtigen Prinzipien sind z.B. die Symmetrien in der Natur. Wenn es gelingt, aus solch einsichtigen Prinzipien die Erscheinungen in der Natur zu beschreiben, ist für unser Verständnis sehr viel gewonnen.

Nun zeigt sich tatsächlich, daß es zwischen den Symmetrien und den Erhaltungssätzen einen tiefen Zusammenhang gibt.

Die Symmetrien spielen in der Natur offensichtlich eine fundamentale Rolle. Eine Symmetrie, die uns selbstverständlich erscheint, ist die Symmetrie gegenüber der Zeit, oder Invarianz gegen eine Zeitverschiebung. Man spricht auch von der Homogenität der Zeit. Das heißt nichts anderes, als daß die Natur sich heute genauso benimmt, wie sie sich gestern benommen hat. Die Pyramidenbauer mußten gegen dieselbe Schwerkraft ankämpfen wie heutige Architekten. Es zeigt sich, daß der Energieerhaltungssatz eine Folge dieser Invarianz der Physik gegenüber zeitlichen Verschiebungen ist.

Eine weitere selbstverständlich erscheinende Symmetrie ist die Homogenität des Raumes, bzw. die Invarianz gegenüber räumlichen Verschiebungen. Das bedeutet nichts anderes, als daß die Natur sich beim Nachbarn genau so benimmt wie bei uns. Es zeigt sich, daß der Impulserhaltungssatz eine Folge der Invarianz der Physik gegenüber räumlichen Verschiebungen ist.

Beide Symmetrien, die Homogenität der Zeit und die des Raumes scheinen uns direkt einleuchtend und selbstverständlich. Man stelle sich sonst die Unsicherheit vor, wenn der PC beim Händler fehlerfrei laufen würde, bei uns zu Hause aber nicht. Außerdem würde die Funktionsfähigkeit vom Wochentag abhängig sein. Daß das im täglichen Leben manchmal tatsächlich so zu sein scheint, hat andere Gründe.

Aus einer dritten Symmetrie, der Isotropie des Raumes, bzw. aus der Invarianz gegenüber Richtungsänderungen im Raum folgt der Drehimpulserhaltungssatz. Wenn keine äußeren Felder vorhanden sind, ist keine Richtung im Raum bevorzugt; d.h. im Kosmos gibt es keine Vorzugsrichtung. Nur lokal, z.B. innerhalb einer Galaxie, oder in unserem Sonnensystem oder auf der sich drehenden Erde gibt es Vorzugsrichtungen - auf der Erde die Nord-Süd-Richtung durch die Rotation. Das alles läßt sich bei Berechnungen, in denen der Drehimpuls vorkommt, mit berücksichtigen, wobei eben davon Gebrauch gemacht wird, daß es außerhalb dieser lokalen Vorzugsrichtung keine absolute Vorzugsrichtung gibt.

Daß man aus solch allgemeinen Prinzipien zu einer Naturbeschreibung gelangt, ist schon ein großer Fortschritt für ein tieferes Verständnis.

Merkwürdigerweise finden wir den Zusammenhang paarweise - Energie und Zeit, Impuls und Ort, Drehimpuls und Richtung - gerade bei den Paaren von Größen, für die die Heisenbergsche Unschärferelation gilt. Wir finden diesen Zusammenhang, wenn wir

Ort und Zeit zu einer relativistischen Einheit zusammenfassen, und wenn wir parallel dazu die Größen, mit denen Impuls und Energie in der Quantenmechanik beschrieben werden, entsprechend zusammenfassen. Dann ergibt sich ein Formalismus, in dem alles wunderschön zusammenpaßt.

Wir wollen nun zum Schluß zu den Streuversuchen mit Elektronen zurückkehren, die wir am 1. Tag schon kennengelernt haben.

Wir schickten Elektronen durch zwei eng nebeneinander liegende Löcher und registrierten sie auf einem dahinterliegenden Schirm. Jedes einzelne Elektron verursachte dort, wo es auf den Schirm traf, einen kleinen Blitz, so daß wir durch Zusammenfassen aller Blitze das schon besprochene Interferenzmuster bekamen.

Das Interferenzmuster zeigt uns, daß die Elektronen wie Wellen durch die beiden Löcher gehen. Die einzelnen Blitze aber zeigen, daß die Elektronen Teilchen sind.

Wenn sie aber Teilchen sind, können sie kein Interferenzmuster bilden. Und weiterhin, wenn sie Teilchen sind, müssen sie logischerweise entweder durch das eine Loch oder durch das andere Loch fliegen.

Wir wollen deshalb mit einigen Tricks versuchen, die Natur, bzw. die Elektronen zu überlisten, um herauszubekommen, ob sie nun Teilchen oder Wellen sind, indem wir sie auf dem Weg durch die beiden Löcher beobachten.

Dazu stellen wir eine winzige Lampe direkt hinter den beiden Löchern auf, so daß die Elektronen, wenn sie durch eines der beiden Löcher fliegen, gesehen werden können. Durch das Aufleuchten des Elektrons direkt hinter der Blende mit den beiden Löchern hoffen wir, sehen zu können, durch welches Loch es gekommen ist. Danach trifft es auf den Schirm auf, so daß wir auch das Interferenzmuster untersuchen können.

Das funktioniert auch wunderbar. Wir stellen fest, durch welches Loch jedes einzelne Elektron fliegt, und wir sehen, wie die Elektronen auf dem Schirm auftreffen.

Aber da passiert wieder etwas Merkwürdiges. Auf dem Schirm entsteht kein Interferenzmuster. Das einzige, was entsteht, ist eine Häufung der Blitze in der Mitte des Schirms hinter den beiden Löchern und eine geringere Blitzzahl zu den Rändern hin - genauso wie man es von Teilchen erwarten würde. Das Interferenzmuster ist verschwunden. Die Elektronen benehmen sich wie Teilchen.

Nach alledem, was wir im Laufe der letzten Tage gelernt haben, wissen wir auch, woran das liegt. Die Lampe hinter den Löchern stört die Elektronen. Die Lampe sendet Photonen aus. Wir sehen ja nur ein Elektron, wenn es mit einem Photon zusammenstößt und dieses Photon dann von uns gesehen wird, d.h. in unser Auge fällt. Dabei wird natürlich das Elektron auch aus seiner Bahn geworfen, und dadurch wird das Interferenzmuster zerstört.

Also nehmen wir eine schwächere Lichtquelle. Dazu haben wir zwei Möglichkeiten. Entweder nehmen wir eine Lichtquelle, die weniger Photonen emittiert, oder wir nehmen eine Lichtquelle, deren einzelne Photonen eine geringere Energie haben.

Probieren wir es zunächst mit der Lampe, die weniger Photonen ausstrahlt. Und siehe da, das Interferenzmuster erscheint wieder, aber nicht so deutlich. Es ist vermischt mit dem anderen Bild, das die Elektronen als Teilchen auf dem Schirm zeichnen. Wenn wir das etwas genauer untersuchen, stellen wir fest, daß wir nicht alle Elektronen hinter den beiden Löchern sehen. Dadurch, daß die Lampe weniger Photonen ausstrahlt, wird nun nicht jedes Elektron beleuchtet. Das erkennen wir daran, daß auf dem Schirm auch Blitze aufleuchten, ohne daß wir hinter den beiden Löchern ein Elektron gesehen hätten.

Wir haben also ein Gemisch von Elektronen, die wir gesehen haben, von denen wir also sagen können, durch welches Loch sie geflogen sind, und von Elektronen, die wir nicht gesehen haben, die also ungestört die beiden Löcher passiert haben, und von denen wir auch nicht wissen, durch welches Loch sie geflogen sind.

Die erste Menge von Elektronen erzeugt auf dem Schirm das Bild, das die Elektronen als Teilchen ausweist. Die zweite Menge von Elektronen, die der ungestörten Elektronen, erzeugt das Interferenzmuster, das die Elektronen als Welle ausweist.

Also sind wir nicht weiter gekommen. Wenn wir die Elektronen als Teilchen registrieren, zeigen sie auch auf dem Schirm das Bild von

Teilchen. Nur wenn sie ungestört sind, d.h. wenn wir auf die Information verzichten, durch welches Loch sie geflogen sind, zeigen sie sich durch Interferenz als Welle.

Deshalb probieren wir das Ganze nun mit einer Lampe, die Photonen niedrigerer Energie ausstrahlt. Das bedeutet aber Licht mit einer größeren Wellenlänge, d.h. rotes oder gar infrarotes Licht. Dann ist die Energie jedes einzelnen Photons so niedrig, daß die Elektronen nicht gestört werden und das Interferenzmuster nicht zerstört wird.

Und siehe da, es klappt. Das Interferenzmuster entsteht tatsächlich in aller Schönheit und ohne Überlagerung des Teilchenbildes auf dem Schirm, und wir sehen auch hinter den beiden Löchern jedes Elektron durch einen roten Blitz. Aber wir können nicht feststellen, durch welches Loch die Elektronen geflogen sind. Der rote Blitz ist viel zu unscharf. Er zeigt nur ein verschmiertes Aufleuchten hinter den beiden Löchern, so unscharf, daß wir ihn nicht einem der beiden Löcher zuordnen können. Die Wellenlänge der Photonen ist viel zu groß, um ein scharfes Bild vom Elektron erzeugen zu können.

D.h. auch hiermit haben wir wieder die Erkenntnis gewonnen, nur wenn wir auf die Information verzichten, durch welches Loch die einzelnen Elektronen geflogen sind, entsteht das Interferenzmuster. Wenn wir die Elektronen wie Teilchen registrieren, dann benehmen sie sich auch wie Teilchen.

Wir versuchen noch eine letzte Möglichkeit, die Elektronen zu überlisten. Wir schicken so wenig Elektronen durch die beiden

Löcher, daß wir sicher sind, daß sie sich nicht gegenseitig stören. Das sehen wir anhand der Blitze auf dem Schirm. Erst wenn wir durch einen Blitz sehen, daß ein Elektron angekommen ist, schicken wir das nächste Elektron los. Wir müssen dann natürlich lange warten, bis wir auf dem Schirm das Muster erkennen können, das durch die Gesamtheit der Blitze erzeugt wird. Aber wir sind sicher, daß die Elektronen nicht untereinander in Wechselwirkung treten können. Sie kommen ja zu verschiedenen Zeiten durch eines der beiden Löcher. Wir wissen zwar nicht durch welches, aber jedes einzelne Elektron muß ja entweder durch das eine oder durch das andere Loch fliegen.

Und nach einiger Zeit sehen wir wieder das Interferenzmuster - so als würden die Elektronen wie Wellen interferieren, auch wenn sie zu verschiedenen Zeiten durch die Löcher fliegen.

Wir können es drehen und wenden, wie wir wollen. Wenn wir die Elektronen wie Teilchen behandeln, d. h. wenn wir die Information über den Weg der Elektronen gewinnen, dann zeigen sie sich als Teilchen. Wenn wir sie wie Wellen behandeln, d.h. auf die Weginformation verzichten, dann zeigen sie sich als Wellen. Aber wir können nicht beide Eigenschaften auf einmal feststellen - die Information, durch welches Loch sie fliegen, also die Teilcheneigenschaft, und das Interferenzmuster, also die Welleneigenschaft.

Das ist für unser Empfinden völlig unlogisch. Aber vielleicht hängt das damit zusammen, daß wir uns die Elektronen immer als irgend etwas vorstellen, das seine Identität behält. Wenn ein Elektron ankommt, muß es nach unserem Verständnis durch eines der beiden Löcher geflogen sein. In Wirklichkeit ist es aber so: Wir schicken ein Elektron los in Richtung der beiden Löcher, und kurze Zeit später registrieren wir auf dem Schirm ein Elektron. Nun nehmen wir natürlich an, es handele sich um ein und dasselbe Elektron - und das ist wahrscheinlich der logische Fehler, den wir begehen, die Ursache für all die logischen Schwierigkeiten. Wir wissen ja gar nicht, was dazwischen passiert. Es ist so, als würde das Elektron erst entstehen, wenn es beobachtet wird. Wie fragwürdig die Identität von Teilchen ist, haben wir ja am 5. Tag besprochen.

Die quantenmechanische Beschreibung beinhaltet nur die Aussage, die wir eben gemacht haben. Wir schicken ein Elektron los und berechnen die Wahrscheinlichkeit für das Erscheinen eines Elektrons an einem Ort auf dem Schirm. Das ergibt dann das Interferenzmuster. Was dazwischen passiert, wissen wir nicht, können wir grundsätzlich nicht wissen.

Wenn wir dazwischen etwas messen, z.B. durch welches Loch ein Elektron fliegt, dann haben wir eine ganz andere Situation. Dann berechnen wir in der Quantenmechanik die Wahrscheinlichkeit für einen Ort auf dem Schirm dafür, daß dort ein Elektron erscheint unter der Voraussetzung, daß hinter einem der beiden Löcher ein Elektron erscheint (Abb.8.1).

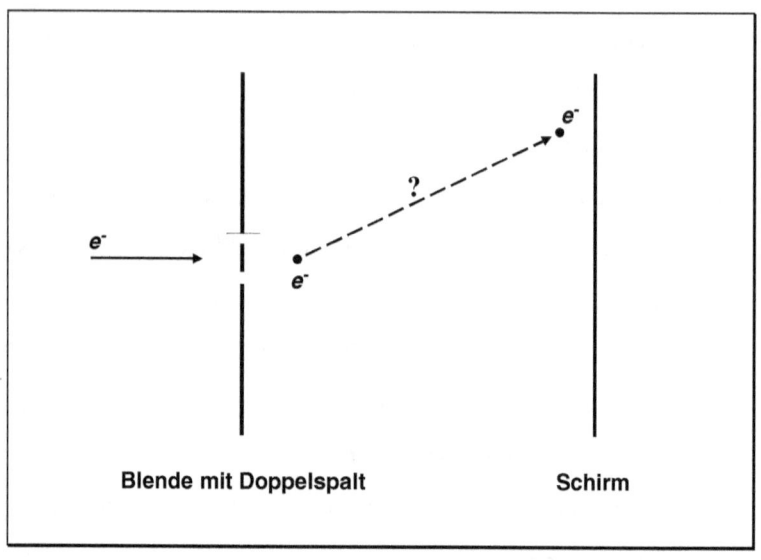

Abb. 8.1. Zur Identität der Elektronen.
Wenn wir hinter dem Doppelspalt ein Elektron feststellen und kurze Zeit danach am Schirm ein Elektron messen, dann nehmen wir normalerweise an, es handele sich um dasselbe Elektron.
In Wirklichkeit messen wir nur mit einer gewissen Wahrscheinlichkeit das Auftauchen eines Elektrons am Schirm unter der Voraussetzung, daß hinter dem Doppelspalt ein Elektron erscheint. Was dazwischen passiert, wissen wir nicht – und ob es überhaupt sinnvoll ist zu fragen, ob es dasselbe Elektron sei oder nicht, wissen wir auch nicht.

Damit müssen wir uns zufrieden geben. Mehr wissen auch die Elektronen nicht - oder mehr weiß auch das Phänomen, das uns als Elektron erscheint, nicht.

Mit dem Verschwinden des Elektrons endet auch unser Spaziergang.

Das Elektron trat am Anfang unseres Ausflugs als handfeste kleine Kugel auf, zeigte dann aber einige seltsame Eigenschaften, nahezu Unarten für das Empfinden der klassischen Physik. Wir mußten deshalb ganze Denkgebäude einreißen und neu gestalten. Das Elektron wurde dann zunehmend diffuser, wußte nicht, ob es als Welle oder als Teilchen auftreten sollte. Es bekam enge Verwandte, das Positron und damit auch das Photon. Die benahmen sich genauso eigenartig.

Schließlich verlor es auch noch seine Identität; übrig blieb eine Erscheinung, deren Eigenschaften erst bei der Beobachtung entstanden - so als würden wir sie erst hinein interpretieren - ein unwirklicher Geist auf der Grenze zwischen Realität und Nichtexistenz. Und dennoch beherrscht dieses geisterhafte Elektron die gesamte handfeste Technik unseres Lebens. Licht, Kommunikation und Transport sowie zahlreiche Bequemlichkeiten haben wir diesem Elektron zu verdanken - ohne, daß wir wissen, was ein Elektron ist.

All das gehört mit zur Geschichte des Elektrons. Wir haben außerdem damit so nebenbei im Prinzip nahezu die gesamte Physik gestreift, grundlegende Gedanken der Mechanik - dazu gehört auch die Relativitätstheorie - die Natur des Lichtes, die Grundzüge der Elektrodynamik und der Atomphysik mit der Quantentheorie.

Natürlich ist die Physik ein sehr viel weiteres Feld, aber das Grundgerüst dazu haben wir auf unserem Spaziergang kennen gelernt – so, daß man damit auch weiter in die Materie eindringen kann.

Warum ist die Natur so seltsam und für unser Empfinden so unlogisch? Vermutlich wäre die Welt der klassischen Physik gar nicht existenzfähig. Wir haben ja all diese Schwierigkeiten, die sich in der klassischen Vorstellung vom Elektron ergeben, kennen gelernt.

Damit wollen wir unseren Spaziergang zunächst beenden. Wir bleiben aber mitten in der Landschaft stehen. Die Geschichte des Elektrons ist ein Fortsetzungsroman, der noch nicht fertig geschrieben ist. Wir müssen es künftigen Generationen von Forschern überlassen, den Roman weiter zu schreiben. Es kommen sicher noch viele spannende Kapitel hinzu, wahrscheinlich wird er aber immer unvollendet bleiben.

Literatur.

Einiges davon ist von historischem Interesse (L. de Broglie, P. Jordan), einiges ist für den ernsthaft Studierenden der Physik von großem Nutzen (P. Dirac, R. Feynman) und einiges ist für den interessierten Laien gedacht. Es lohnt sich auch, die Schöpfer der neuen Physik „persönlich" kennen zu lernen (W. Heisenberg, U. Röseberg, E. Segrè):

1. L. de Broglie, Licht und Materie,
   H.Goverts Verlag, Hamburg 1939

2. P. Davies, Gott und die moderne Physik,
   Bertelsmann, München 1986

3. P. Davies, Die Urkraft,
   Rasch und Röhring Verlag, Hamburg 1987

4. P. Dirac, The Principles of Quantum Mechanics,
   Oxford University Press 1958

5. L. C. Epstein, Relativitätstheorie anschaulich dargestellt,
   Birkhäuser Verlag, Stuttgart 1985

6. R. Feynman, Vom Wesen physikalischer Gesetze,
   R. Piper, München 1990

7. R. Feynman, QED, The Strange Theory of Light and Matter,
   Princeton University Press 1985

8. R. Feynman, R. Leighton, M. Sands, Feynmans Vorlesung über Physik, Oldenbourg, München 1971

9. J. Gribbin, Auf der Suche nach Schrödingers Katze, Piper Verlag, München 1987
10. A.Guth, Die Geburt des Kosmos aus dem Nichts, Droemersche Verlagsanstalt, München 1999
11. W. Heisenberg, Der Teil und das Ganze, Piper Verlag, München 1969
12. N. Herbert, Quantenrealität, Birkhäuser Verlag, Basel 1987
13. P. Jordan, Anschauliche Quantentheorie, Springer Verlag 1936
14. U. Röseberg, Niels Bohr, Wissenschaftliche Verlagsgesellschaft, Stuttgart 1985
15. E. Segrè, Die großen Physiker und ihre Entdeckungen, Piper Verlag, München 1984
16. F. Selleri, Die Debatte um die Quantentheorie, Vieweg, Braunschweig 1983

www.ingramcontent.com/pod-product-compliance
Lightning Source LLC
Chambersburg PA
CBHW070240230526
45470CB00002B/466